KB063796

이타주의자의 은밀한 뇌구조

이타주의자의 은밀한 뇌구조

인간의 선량함, 그 지속가능성에 대한 뇌과학자의 질문

김학진 지음

갈매나무

CONTENTS

Part 1

칭찬에 중독된 뇌

1장 우리는 왜 '좋아요'에 집착하는가

2장 뇌는 어떻게 인정 중독에 빠지는가

Part 2

그 사람은 왜 착한 일을 할까?

3장 선량한 선택의 이면에 대하여

4장 공정성에 집착하는 인간의 속마음

Part 3

이타적인 것이 가장 효율적이다

개정증보판 프롤로그

인간의 선량함, 그 지속가능성에 대한 뇌과학자의 질문

5년 전 최종 원고를 갈매나무로 넘겨줄 때, 과연 나와 편집자를 제외하고 이 책을 처음부터 끝까지 읽을 사람이 있을까 생각했던 적이 있었다. 하지만 책이 출판된 후 여러 매체의 관심과 많은 독자 후기를 접하면서 전혀 예상하지 못했던 반응에 거의 매일이 놀라운 경험의 연속이었다. 내 책을 읽은 뒤 사람들이 남긴 후기를 읽으면서 태어나 처음 강한 행복감을 경험했다. 오랫동안 감추어둔 일기장을 들키기라도 한 사람처럼 가슴이 두근거렸지만, 혹시라도 그 내용에 공감하는 사람이나 글을 만나게 될 때면 마치 오랜 친구를 만난 것처럼 반가웠다.

한편으론 불안감도 들었다. 혹시 내가 잘못 알고 있거나 과장해서 전달한 내용은 없었는지, 고귀하고 숭고한 인간성을 폄훼하는 염세주의적 시각으로 사회에 부정적인 영향을 끼치는 것은 아닐지. 그뿐만 아니라 인터넷에서 책이나 나의 이름을 검색해보는 이전엔 없던 습관까지 생겼다. 그리고 나와 다른 의견을 가진 사람, 혹은 내 책에 대해 부정적인 견해를 보이는 글이나 사람을 볼 때면 불쾌감을 느끼고 소극적이지만 방어적인 태도를 취하기 시작했다. 주변의 여러 사례를 책에서 주장한 이론에 끼워 맞추려 시도하면서 이론의 정당성을 인정받고자 노력하기도 했다.

'기대보다 큰 보상은 뇌의 불균형을 초래하고, 이 불균형을 유지하기 위해 뇌는 조급하고 충동적인 행동을 촉발한다.' 누구보다 이 사실을 잘 안다고 자부했기에 나는 이 모든 일에 잘 준비되어 있고 흔들리지 않으리라 믿었다. 하지만 예상은 보기 좋게 빗나갔다. 이론적으로만 알고 있던 이 뇌과학적 현상들이 실제로 내 안에서 진행됐고, 그 과정을 직접 경험하는 일은 신기하기는 했지만 그다지 즐겁지 않았다. 타인의 평가에 휘둘리고 무력해지는 스스로를 보면서 나의 의지에 대한 자신감은 조금씩 사라져갔다. 다행히(?) 책에 대한 사람들의 관심이 점차 옅어지면서 나도 서서히 마음을 추스를 수 있었지만 그때까지 상당히 많은 시간이 걸렸다.

그랬던 내가 개정증보판까지 내게 되었다. 물론 이미 한번 경험한 롤러코스터이니 처음보다 감정의 세기가 약하고 회복하는 시간도 더 짧지 않을까 하는 자기변명도 한몫했다. 하지만 더 중요한 이유는, 나에게 이런 큰 경험을 선사해준 이 책에 점점 더 애착을 느끼게 되었기 때문이고, 급하게 원고를 넘기느라 소홀했던 아쉬운 부분이 발견될 때마다 견디기 어려웠기 때문이다. 한 번이라도 보상을 경험한 뇌가 다시 백지로 돌아갈 수는 없는 법이다.

그동안 많은 후기를 읽으면서 가장 흔하게 접했던 불만은 예상했던 대로 너무 어렵다는 평가였다. 전문적인 용어도 많았지만 난생 처음 대중 서적을 집필해 본 나의 작문 실력이 가장 큰 문제였을 것이다. 5년 동안 작문 실력이 크게 향상했길 기대하는 것은 무리일 테지만 이번에는 가독성을 높이기 위해 적절한 주변 사례를 더하고 좀 더 잘 읽히는 문장을 쓰기 위해 노력했다. 그리고 개정증보판이라는 이름에 걸맞게 새로 발표된 인간의 공감과 이타성에 관한 더 많은 뇌과학적 증거를 찾았고, 우리 연구실 연구 또한 추가로 포함하고자 했다. 아무쪼록 이 책이 세상을 향해 비관적이고 염세주의적 태도를 주기보다 더 나은 세상을 만들기 위한 현실적인 방안을 고민하는 데 도움 되기를 희망한다.

“당신은 나를 더 좋은 사람이 되고 싶게 해요.”

영화 〈이보다 더 좋을 순 없다〉에서 옮겨온 이 문장은, 오랫동안 극도의 이기주의자로 살아왔지만 캐롤을 만난 뒤 타인을 향해 마음을 열게 된 멜빈이 그녀에게 사랑을 고백하며 건넨 감동적인 대사다. 그런데 이 감동에 대해 좀 더 생각해보면 의문이 드는 부분이 있다. 누군가에게 잘 보이기 위해 남을 돕는 행위는 불순한 동기가 아닌가? 타인에게 인정받고자 하는 욕구가 이타적 행동의 동기로 용납될 수 있을까? 만약 그럴 수 없다면, 어려운 사람을 도왔을 때 느끼는 뿌듯함과 즐거움은 과연 어디서 비롯된 걸까? 위기에 처한 사람을 구하기 위해 일말의 망설임도 없이 목숨을 던진 이수현과 같은 영웅들의 이타적인 행동은 어떻게 설명할 수 있을까?

이 밖에도 인간의 이타성은 우리에게 답하기 어려운 많은 질문을 던진다. 사람들은 왜 남을 돕는 행위를 드러내길 부끄러워할까? 유명 인사들이 기부를 하고도 그 사실을 당당히 말하기보다 오히려 숨기려 하는 이유는 무엇일까? 액수가 얼마 되지 않아서? 혹시라도 뒤따를 세무 조사가 두려워서? 아니면, 그저 주목받는 것이 불편해서? 혹시 기부라는 행위가 그 자체로 타인에게 위협을 주기 때문은 아닐까? 재산이 많거나 능력이 뛰어난 사람이 질투를 받는 것처럼 기부한 사람도 타인에게 시기의 대상이 될 수 있다. 다시 말해 기부 행위는 재산이나 능력처럼 기부자가 가진 우월한 특성을 알려주는 중요한 신호가 되며, 따라서 기부 행위는 자신의 우월함을 인식한 다른 이들이 나에게 보낼 존경과 감사와 같은 사회적 보상을 추구하는 행동일 수 있다.

인간을 포함한 많은 사회적 동물이 자신의 욕구를 그대로 드러내지 않고 감추거나 간접적으로 표출하는 것은 사회화를 통해 학습하는 필수적인 행위이다. 만약 욕구 충족을 목표로 한 많은 다른 행동과 마찬가지로 친사회적 행동 역시 보상을 추구하는 행동이라면, 이를 감추거나 간접적으로 표출하려는 행동 또한 사회화 과정을 통해 습득했을 것이라고 쉽게 추론해볼 수 있다.

인간이 친사회적 행동을 하는 심리적 동기의 근원이 타인의 호감이나 인정을 얻고자 하는 '보상 추구 동기'라는 주장은, 타인의 고통을 자신의 것처럼 느끼고 이들을 돕고자 했던 많은 이의 분노를 자아낼 수 있다. 순수한 이타적 동기에 대한 모독이며 이기적인 동기에서 비롯된 일부 이타적 행동을 과도하게 일반화했다는 비판에 부딪힐 수 있다. 실제로 철로 위에 떨어진 아이를 구출하기 위해 반사적으로 자신의 몸을 던진 의인의 행동이 타인의 평판을 의식한 행동이라는 해석에 쉽게 동의할 사람이 얼마나 있을까?

그러나 한번 생각해보자. 어떤 이가 타인으로부터 인정과 평가를 얻기 위해 기부를 했다고 스스로 의식했다면, 과연 이 사람은 비난을 받아야 할까? 스스로 이러한 의도를 의식하지 않아야 그 사람의 행동이 진정 이타적 동기에서 비롯되었다고 할 수 있을까? 자신의 숨은 욕구를 의식하는 정도에 따라 그 사람의 동기가 이타적인지 아닌지를 평가하는 것이 과연 적절할까?

우리는 어떤 사람의 친사회적 행동이 의도적으로 자기를 과시하기 위해 나타난 것인지, 진정으로 이타적인 동기에서 비롯된 것인지 파악하기 위해 매우 정교한 검증 작업을 거치곤 한다. 이를테면

바른 생활 이미지로 유명한 어느 개그맨이 일상생활에서도 남을 도왔다는 사실들을 앞다투어 보도하는 기사들이 그런 검증 작업의 예일 것이다. 우리는 누군가 이타적 행동을 했을 때 그 행동 뒤에 숨은 동기를 파헤치려는 욕구가 강하다. 그들의 행동이 정말로 내면화된 동기에서 비롯되었는지 확인하는 데 많은 노력을 기울인다. 유명 인사들이 기부 행위를 밝히길 꺼리는 이유는 어쩌면 바로 사람들의 이러한 집착 때문이 아닐까?

이 책에서 나는 다양한 도덕적·윤리적 판단, 그리고 친사회적 행동의 기저에 있는 심리학적·신경과학적 원리들에 대해 최근 연구 결과들을 소개하며 알아보고자 한다. 또한 공감과 도덕성, 이타심처럼 지금까지 인간만의 고귀한 본성으로 여겨졌던 심리가 뇌의 어떤 활동에서 기인하는지를 연구한 결과들을 살펴보고, 이에 대한 나의 주관적 해석을 함께 이야기해보고자 한다. 그리고 자신의 이미지와 평판을 의식하는 노력을 통해 나오든, 내면화를 통해 거의 반사적으로 표출되든 간에 모든 친사회적 행동과 이타적 동기의 근원에는 타인의 인정과 호감을 받고 싶은 마음이 있음을 제안할 것이다. 타인에게 받는 인정과 호감은 매우 강력하고 매력적인 보상이다. 이러한 보상을 향한 인정 욕구는 타인을 돕는 이타적 행동이나 도덕적 판단과 같이 긍정적인 결과로 이어지기도 하지만, 정반대로 타인을 향한 폭력적 행동이나 집단 간 갈등을 부추겨 전쟁 같은 파괴적인 결과로 치닫기도 한다.

지금까지 몇몇 강연과 학부 강의를 통해 사랑과 공감, 이타성과 같은 소위 고귀한 본성으로 여겨지는 인간 심리들이 결국 뇌의 작용이라고 설명하는 연구들을 소개할 때마다 어떤 이들은 상당한 불쾌감을 드러냈다. 대체 왜 이런 연구를 해야 하느냐며 울먹이는 어린 학생을 만나 해명하느라 진땀을 뺀 적도 있었다.

이 책을 읽으면서 이 학생과 비슷한 생각을 할 독자들을 위해서 먼저 한 가지 밝혀두고 싶다. 인간을 인간답게 만드는 본성은 생물학적 실체가 드러난다 하더라도 그 고귀함이 훼손되지 않는다. 오히려 우리는 우리의 인간성을 받치고 있는 심리적 근원을 볼 수 있게 될 것이고, 그 경험은 우리를 더욱 자유롭고 성숙하게 해주리라 믿는다. 인간의 도덕성과 이타성의 생물학적 근원을 들여다보면서 인정 욕구와 평판 추구로 얼룩진 인간의 어두운 민낯을 마주하고 실망할 것인지, 아니면 타인의 호감을 좇는 단순하고 순수한 동기가 성장하여 이뤄내는 위대한 결과를 마주하고 경이로움을 경험하게 될지는 이 책을 읽는 이들의 선택에 달려 있다.

심리학에서는 한 개인이 인정하고 싶어 하지 않는 자신의 어두운 면을 받아들이고 통합하는 것을 보다 성숙한 자아를 찾아가기 위한 필수적인 과정으로 본다. 뇌과학도 마찬가지다. 의식적인 노력만으로는 보기 어려운 우리의 숨겨진 모습을 드러내고 우리가 가진 편견을 하나씩 벗겨내 인간 본성의 실체와 마주하는 데 뇌과학은 훌륭한 가이드가 될 수 있다.

뇌과학은 지금껏 우리가 교육을 통해 당연한 것으로 받아들여 왔던 고정관념에 새로운 질문을 던진다. 공감은 과연 타인을 위한 감정인지, 사심 없는 순수한 이타심은 과연 존재하는지, 도덕적 판단과 공정성 판단은 철저하게 논리와 이성에 기반하는지……. 뇌과학은 당연했던 고정관념에 다시 한 번 질문을 던지며 우리에게 새로운 관점과 사고의 틀을 제시해줄 것이다.

이 책의 1부에서는 타인의 인정을 추구하는 행동이 비롯되는 생물학적 기원을 알아보려고 한다. 먼저 우리의 뇌가 기본적으로 선택을 위해 가치를 계산하는 방식에 대해 살펴볼 것이다. 그리고 선택을 위해 반드시 필요한 여러 가치가 어떻게 뇌에서 비교되고 계산되는지를 알아보고, 음식처럼 기본적이고 단순한 가치부터 평판 추구라는 추상적인 가치까지 다양한 가치를 계산하는 뇌 기제의 공통적인 측면을 들여다보고자 한다. 이 과정에서 타인의 인정 혹은 칭찬이라는 보상이 다른 물리적 보상들과 신경학적으로 크게 다르지 않다는 사실을 알게 될 것이다. 또한 일반적으로 사회적 행동의 궁극적 동기라 할 수 있는 인정 욕구에 대해 좀 더 집중적으로 알아보고, 인정 중독의 발생 과정과 부정적인 효과를 살펴보려고 한다.

2부에서는 나 자신보다 타인을 먼저 생각하는 다양한 형태의 이타적 심리 및 행동 이면에 숨겨진 자기중심성을 파헤쳐보고자 한다. 먼저 이타적 행동을 결정하는 근원적 동기인 평판 추구 동기에 대해 알아보려 한다. 특히 이타적 행동의 심리를 설명하기 위한 이론으로 주목받고 있는 '값비싼 신호 이론costly signaling theory'을 토대로, 평판 추구를 충족하기 위한 동기가 어떻게 이타적인 행동과 연결될 수 있는지를 설명해볼 것이다. 또 이러한 평판 추구를 위한 이타적 동기가 내면화되어가는 과정에 관여하는 신경학적 기제에 대해서도 다루고자 한다. 그리고 공정성을 판단하는 과정의 밑바탕에 타인으로부터 존중과 인정을 얻고자 하는 동기가 크게 자리 잡고 있음을 보여주는 여러 과학적 증거를 소개할 것이다. 이어서 최후통첩 게임이라는 행동경제학 실험을 살펴보고 이 실험을 통해 규명된 불공정성 판단의 뇌신경 기제를 알아보고자 한다. 이타적 심리의 또 다른 중요한 동기로 여겨지는 공감에 대해서도 살펴보려고 한다. 흔히 우리가 동일한 개념으로 간주하는 '정서적 공감'과 '관점 이동'이 실은 심리적으로나 신경학적으로 볼 때 서로 다르다는 점을 설명하게 될 것이다.

3부에서는 적절한 수준에서 유지되는 인정 욕구의 발현이 왜 중요하며 어떻게 유지될 수 있을지에 대하여 비교적 현실적인 제안들을 소개한다. 특히 신체로부터 오는 내부 감각 정보에 주의를 기울이는 자기인식 과정이 인정 중독의 극복을 위해 어떠한 해결책을 제공할 수 있을지 알아볼 것이다. 그리고 이를 지지하는 뇌과학적 근거들을 살펴보려 한다. 또한 1부에서 알아볼 인정 욕구의 신경과학적 원리에 기초하여, 다양한 사회 현상의 기저에 깔린 심리들에 대해 신경과학적 해석을 시도하고자 한다. 이러한 신경학적 인간관이 경제적, 교육적, 정책적인 측면에 있어 어떠한 함의를 가질 수 있을지에 대해 다루면서 이야기를 마칠 것이다.

마지막으로 나의 미숙한 인정 욕구 때문에 초판에서는 밝히지 못했던, 이 책이 나오기까지 도움을 준 주변의 고마운 많은 분에게 감사의 말을 덧붙인다. 책에서 간단히 줄인 내용만으로 소개하기엔 너무 미안할 정도로 많은 시간과 열정으로 소중한 연구 결과를 내준, 지금도 연구에 매진하고 있을 연구실 동료들에게 가장 먼저 고마움을 표시한다. 이 책이 우리 사회에 기여하는 바가 조금이라도 있다면 그 공로는 이들과 함께 나누고 싶다. 이 책이 나오기까지 게으른 나의 멱살을 잡아끌고 온 나의 30년 지기 박선경 갈매나무 대표와 편집자분들께도 감사의 말을 전한다. 떠올릴 때마다 미소 짓게 해주는 소중한 추억의 시간을 선물해준 상우에게도 감사한다. 끝으로, 나에게 비움으로 채울 수 있음을 알려주고 내 삶의 모든 기쁨과 슬픔의 순간을 함께 나눠준 연수에게 깊은 고마움을 전한다.

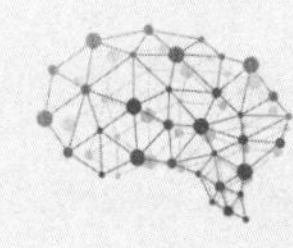

뇌과학 talk talk 1

나와 당신의 은밀한 뇌구조

이 책은 이타주의를 새롭게 해석하는 과정에서 아래 뇌 부위를 자세히 살펴볼 예정이다. 본격적으로 이야기를 시작하기 전에 위치와 명칭을 살펴보길 권한다.

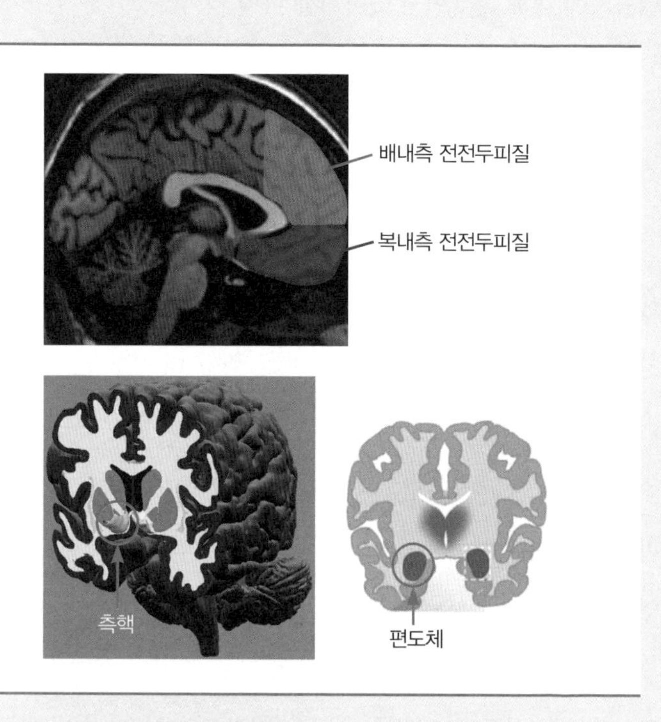

- **복내측 전전두피질:** 직관적이고 자동적인 선택의 가치를 계산하는 부위
- **배내측 전전두피질:** 더욱 분석적인 가치 판단을 담당하는 부위
- **측핵:** 보상 추구 행동을 강화하고 학습하는 부위
- **편도체:** 위험 회피 행동을 학습하는 부위

(위 설명은 독자들의 이해를 돕기 위해 단순화한 것이다. 각 부위의 실제 기능은 이보다 훨씬 다양하다.)

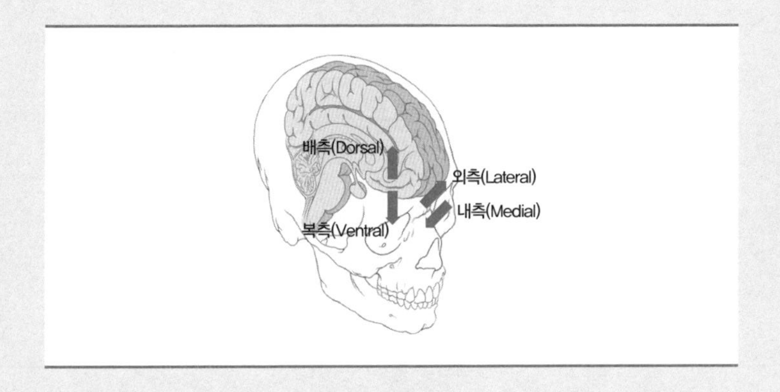

복측-배측과 내측-외측

앞으로 반복해서 언급될 해부학적 명칭에 대해 잠깐 설명해보기로 하자. 뇌 구조를 설명하는 용어 가운데 가장 빈번하게 쓰이는 두 차원이 있다.

- **복측**ventral: 배腹가 위치한 방향
- **배측**dorsal: 등背이 위치한 방향

네 발로 걷는 동물과 달리, 사람의 뇌는 아래쪽을 복측, 위쪽을 배측이라 한다. 이는 비교가 되는 부위의 위치에 따라 구분될 수 있다. 가령 이마의 중심점을 기준으로 위쪽에 위치한 전전두피질을 배측, 중심점보다 아래쪽에 위치한 전전두피질을 복측 전전두피질이라고 한다.

- **외측**lateral: 이마의 중심점으로부터 바깥쪽으로 멀어지는 방향
- **내측**medial: 이마의 중심점으로 가까워지는 방향

예를 들어 왼쪽 혹은 오른쪽에서 뇌를 바라보았을 때 보이는 부분을 외측 전전두피질, 좌반구와 우반구의 경계면이 있는 반대쪽 표면에 위치한 부분을 내측 전전두피질이라 부른다.

이 두 차원은 함께 사용되기도 한다. 이마의 중심점으로부터 바깥 부분에 위치한 전전두피질을 배외측dorsolateral 전전두피질, 이마 중심점 바로 아래쪽에 위치한 전전두피질을 복내측ventromedial 전전두피질이라 일컫는다.

당신이 MRI 기계 안에 누워서 컴퓨터 화면을 보며 한 가지 실험을 한다고 가정해보자. '유능하다'라는 단어가 제시되면 '맞다'와 '아니다'라는 두 버튼 중 무엇을 누를지 결정해야 한다. 여기서 미국 대통령이 유능한지를 판단하는 상황과 내 자신이 유능한지를 판단하는 상황은 대단히 큰 차이가 있다. 이때, 당신의 머릿속 한 구석에서는 이런 목소리가 속삭일지 모른다. '내가 스스로 유능하다고 하면 다른 사람은 어떻게 생각할까?'

이 상황에서 우리가 기대하는 보상, 그리고 추구하는 가치는 과연 무엇일까? 혹시 '나의 긍정적인 이미지'를 다른 사람들에게 전달하고 싶은 것은 아닐까? 나를 인식하는 과정에서 타인의 시선, 즉 평판은 매우 중요한 요소일지 모른다. 어쩌면 우리는 타인의 시선을 의식하면서 비로소 나를 인식하는 것이 아닐까?

1부

칭찬에 중독된 뇌

A Journey into the Secret of Altruist's Brain

1장

우리는 왜 '좋아요'에 집착하는가

인정 욕구를 인정한다

> 한 남자가 자동차 뒷바퀴에 오른쪽 종아리를 집어넣습니다. 자동차가 움직이자 고통스러워하며 이리저리 뒹굽니다. 자신의 페이스북 게시물에 15만 개가 넘는 '좋아요'가 붙으면 자해 영상을 올리겠다는 약속을 이행한 겁니다. 이런 '좋아요' 공약은 지난해부터 유행처럼 번지고 있습니다. 자해는 물론 자살을 예고하는 글까지 경쟁하듯 올라옵니다.
>
> (중략) 먹거리 즐기기와 요리법, 스포츠와 인생 상담 등 분야를 가리지 않는 인터넷 1인 방송에서는 별풍선이 '좋아요'를 의미합니다. 더 많은 별풍선을 받을 수 있다면 내용을 따지지도 않습니다.
>
> '좋아요'에 집착하는 이유는 SNS 스타가 되겠다는 자기과시욕을 충족하는 동시에 상당한 돈을 벌 수 있기 때문입니다. 페이스북에 '좋아요'가 많이 붙은 계정에는 광고가 붙어 수익을 얻을 수 있고, 인터넷 방송의 별풍선 100개는 현금 만 원으로 바꿀 수 있습니다. 특히 인터넷 방송 인기 BJ 가운데는 매달 수천만 원을 버는 고소득자도 적지 않은 것으로 알려졌습니다.
>
> **– 2016년 3월 2일 SBS 뉴스 중에서**

그렇다. 누군가는 돌아가는 용접기에서 튀어나오는 불똥으로 세수를 하는가 하면, 또 누군가는 자동차 뒷바퀴에 다리가 깔리는 모습을 보여주기도 한다. 심지어 자살 예고까지도 일어난다. 모두 실제 인터넷 TV 방송에서 벌어진 일이다. 이들이 이토록 타인의 호감을 얻기 위해 노력하고 집착까지 하는 이유는 무엇일까? '좋아요'가 곧 광고 수익으로 이어지기 때문에 경제적 이익을 얻을 수 있다는 이유도 있지만, 그 집착의 뒤에는 기사에서 언급되었듯 SNS 스타가 되겠다는 자기과시욕이 숨어 있다.

우리가 이렇게까지 타인으로부터 주목받고 관심을 얻음으로써 본능적인 욕구를 충족시키려는 이유는 무엇일까? 우리 뇌는 궁극적으로 무엇을 어떻게 원하기에 이런 현상까지 나타나는 것일까?

인정 욕구의 정체를 알아내는 과정

인간은 이 세상에 태어난 순간부터 신체 항상성(신체의 안정성을 유지하려는 경향)을 위한 뚜렷한 가치들을 추구한다. 따뜻함, 편안함, 안전함을 추구하고 배고픔이나 고통스러움은 피하려는 욕구와 관련된 본능적인 행동들은 별다른 경험이나 학습 없이도 자연스럽게 발현된다. 즉 필요한 것을 얻고 해로운 것은 피하려는 욕구와 이어지는 가장 단순하고도 중요한 기본 가치들은 출생이라는 시점부터 우리의 모든 행동을 강력하게 지배한다.

이러한 기본적 가치들은 우리가 처한 환경과 타협하면서 점차 정교한 모습으로 한층 복잡한 가치들을 탄생시킨다. 예컨대 아기들은 엄마라는 대상이 자신의 배고픔이나 통증과 같은 신체 항상성 불균형을 해소해준다는 것을 반복적으로 경험하면서 새로운 가치를 학습한다. 이처럼 자신의 신체 항상성을 유지해주는 타인의 관심을 지속적으로 얻기 위한 노력은 인정 욕구의 근간이 되는 새로운 차원의 욕구, 혹은 가치를 만들어낸다. 말하자면 최초의 사회적 가치 학습 과정인 것이다.

이렇게 탄생한 인정 욕구는 발달 과정을 거쳐 폭발적으로 성장하면서 다양하고도 복잡한 양상을 띤다. 육체적, 지적, 감성적, 예술적으로 자신의 우수성을 과시하고 인정받으려는 행동의 원동력으로 자리 잡는 것이다. 이 과정을 거치면서 인정 욕구는 더 이상 옛 모습을 찾아보기 어려울 정도로 복잡하고 추상화된 옷들로 자신의 모습을 감춘다. 인정 욕구는 심지어 타인을 위한 이타적인 행동으로 나타나기도 하며, 자신을 낮추는 겸손한 태도와 같이 인정 욕구와는 상관없어 보이는 모습으로까지 발현될 수 있다.

인정 욕구는 과연 어떤 옷을 입고 있는 것일까? 우리는 인정 욕구의 정체를 알아낼 수 있을까? 우리가 발달 과정에서 하나씩 옷을 입어야 했던 것 못지않게 인정 욕구를 파헤쳐보는 여정 역시 여간 어렵지 않을 것이다. 하지만 그동안 우리를 감싸고 옥죄어왔던 무거운 옷들을 훌훌 벗어버리고 난 뒤에 본모습을 마주하고 나면, 우리에게 좀 더 가볍고 잘 맞는 옷으로 갈아입게 될지도 모른다.

뇌는 궁극적으로 무엇을 추구하는 것일까?

우리 뇌는 궁극적으로 무엇을 추구하는 것일까? 이 질문을 따라가다 보면 우리가 인정 욕구를 인생에서 중요한 가치로 두는 이유를 조금은 알게 될 수 있을 것이다.

뇌는 우리 몸의 항상성을 지속적으로 유지하는 것을 중요하게 여긴다. 그런데 끊임없이 변화하는 환경은 항상성 유지를 방해한다. 예를 들어 우리는 계절마다 달라지는 기온에 따라 옷을 바꿔 입거나 다른 장소를 찾아가며 일정 체온을 유지하려 한다. 만약 필요한 모든 정보를 충분히 고려해 매번 최적의 선택을 할 수 있다면 환경이 어떻게 변하든 우리는 별다른 문제 없이 항상성을 유지할 것이다. 그러나 안타깝게도 최적의 선택을 위해 필요한 정보의 양은 거의 무한대에 가까운 반면, 우리 뇌가 가진 정보 처리 용량(신경세포의 수와 이들 간의 연결의 수)은 심각할 정도로 제한되어 있다.

목표와 현실의 간극을 극복하기 위해 우리 뇌는 새로운 전략을 찾아야만 한다. 이 전략의 핵심은 처리해야 할 정보를 최대한 단순화시키는 것이다. 이러한 전략으로 뇌는 '범주화categorization'라는 방법을 선택했고, 많은 정보 중에서 어떤 범주를 가장 잘 대표하는 특성들만 남기고 나머지는 과감히 버림으로써 정보 처리의 효율성을 극대화시킬 수 있었다. 특정 범주를 가장 잘 대표하는 정보는 바로 '평균mean'이다.

우리 뇌가 특정 범주를 기억하기 위해 여러 사례들의 평균치를 계산하고 저장하는 데 최적화되어 있다는 사실은 이미 오래전에 인지심리학자들에 의해 밝혀진 바 있다. 그리고 우리 뇌는 개별 사례들보다 평균치를 더 선호하도록 진화되어 왔다. 여러 얼굴들을 평균화시켜 인공적으로 만들어낸 얼굴을 뇌는 가장 매력적인 얼굴로 인지한다는 사실이 이를 뒷받침한다. 우리가 평균치와 유사한 얼굴을 선호하는 이유는 아마도 바로 그러한 대상을 볼 때 뇌가 최대한 노력을 적게 들이고도 목표하는 바를 얻을 수 있기 때문일 것이다. 다시 말해 생존을 위해 반드시 필요한 '타인'이라는 대상을 가장 쉽게 탐지할 수 있는 평균적인 얼굴은 그 자체로 강력한 보상이 될 수 있다.

범주화 과정이 어느 정도 진행되고 나면 범주들 간의 연결을 시도할 수 있다. 얼핏 보기에 전혀 유사성이 없는 범주들은 어떤 기준으로 묶을 수 있을까? 범주들 간의 연결에서는 각각의 범주가 가지는 의미 혹은 기능에 따라 나누거나 서로 묶는 '추상화abstraction' 과정이 중요하다. 이를테면 명품 가방과 고급 승용차는 겉모습에서는 별 유사성이 없다. 그러나 소유자의 지위를 강조하여 사회관계에서 우월성을 부여한다는 기능적 측면에서는 높은 관련성을 가진다. 따라서 명품 가방이라는 범주와 고급 승용차라는 범주는 기능적인 측면에서 서로 묶이며, 이렇게 묶인 범주들을 대표하는 또 다른 상위 범주는 하위 범주들보다 훨씬 강력한 선호를 유발한다.

왜 상위 범주를 더 선호할까? 여러 가지 하위 범주들을 각각 따로 고려하는 대신 하나의 범주에만 집중할 수 있어서 인지적인 노력과 시간을 절감할 수 있기 때문이다. 명품 가방과 고급 승용차처럼 지위를 높여주는 다양한 하위 범주 대신 이들 모두를 가능케 하는 돈이나 권력이라는 상위 범주를 목표로 설정하는 일은 인지적 노력을 획기적으로 줄여준다. 이처럼 정보의 범주화에 이은 추상화 과정은 삶의 목표와 가치를 세우는 데 중요한 원리가 될 수 있다. 또한 돈이나 권력 같은 상위 범주의 가치들은 이보다 하위 범주의 가치들보다 늦게 학습되지만, 일단 학습되면 비교하기 힘들 정도로 매우 강력한 보상으로 각인된다.

우리의 뇌는 일생 동안 끊임없이 범주화와 추상화 과정을 거치면서 최소의 노력으로 최대의 보상을 얻기 위한 과정을 되풀이한다. 그리고 이러한 과정을 거치면서 체내 항상성 유지라는 단순하고 구체적인 하위 범주의 가치들은 극도로 복잡하고 추상화된 상위 범주의 가치들로 대체된다. 그리고 이렇게 뇌 속에 각인된 상위 범주와 절묘하게 들어맞는 새로운 대상이 나타나면 우리는 마치 무언가에 홀린 듯 순식간에 빠져든다. 앞서 언급한 기사에 등장했던 사람들처럼 SNS에서 '좋아요'에 걷잡을 수 없이 빠져들고 이를 얻기 위해 자기 파괴적인 행동마저 서슴지 않는 기이한 보상 추구 행동을 보이는 것이 바로 대표적인 사례라 할 수 있다.

우리는 왜 남의 눈치를 보고 선택하는가

—— 2002년에 개발된 행동 측정 실험이 있다. 이 실험에서 참가자들은 컴퓨터 화면 위에 하나씩 등장하는 단어들을 보면서 그 단어가 자신의 특성을 얼마나 잘 묘사하는지를 판단한다. 예를 들어 '유능하다'라는 단어가 나올 때 자신이 그렇다고 생각하면 '맞다'에 해당하는 버튼을 누르고, '게으르다'라는 단어가 나올 때 자신이 그렇지 않다고 생각하면 '아니다'에 해당하는 버튼을 누르면 된다. 이 실험을 가리켜 '자기 참조 과제'라고 부른다.[1]

실제 실험에서는 한 가지 조건이 추가된다. 바로 자신이 아닌 '타인'에 대한 판단을 포함하는 것이다. 2002년 발표된 연구에서는 당시 미국 대통령을 판단하는 조건이 포함되었다. 이렇게 자신에 대해 판단하는 조건들과 타인에 대해 판단하는 조건들을 구분해서 비교한 결과, 타인 조건에 비해 자신 조건에서 월등하게 높은 활성화 수준을 보이는 뇌 영역이 발견되었다. 그런데 흥미롭게도 이 영역은 뇌에서 직관적이고 자동적인 선택의 가치를 계산하는 '복내측 전전두피질ventral medial prefrontal cortex'이라는 부위와 거의 유사한 것으로 밝혀졌다. 이 영역은 이후 여러 후속 연구들을 통해 반복적으로 관찰되었으며 자기 참조 과제의 이름을 따서 '자기 참조 영역self-referential area'이라 불리게 되었다.

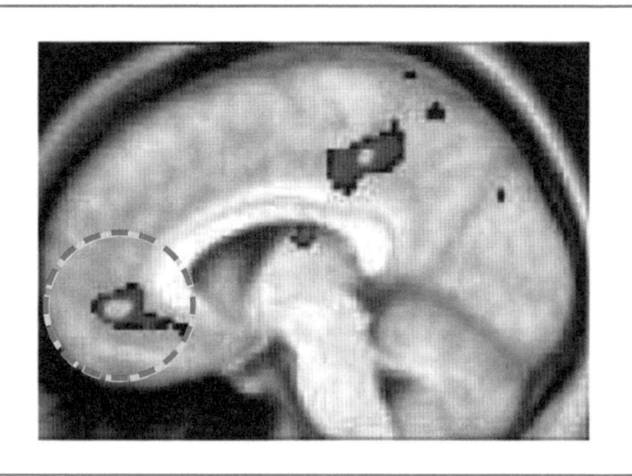

■ 복내측 전전두피질의 위치(자기 참조 과제 수행 시)

자기 참조 영역의 기능에 대해서는 수많은 이론이 존재하며 아직도 그 정확한 기능에 대해서 모두가 동의하는 하나의 이론은 없다. 이에 우리 연구실에서는 자기 참조 영역의 기능을 설명하기 위한 한 가지 이론적 근거로 이 영역이 담당하는 '평판 관리'라는 측면에 관심을 갖게 되었다. 그런데 이 이론의 핵심을 설명하기 전에 자기 참조 과제의 특수한 상황을 고려할 필요가 있다. 예를 들어 여러분이 이 실험에 참여하고 있다고 가정해보자. 당신은 MRI 기계 안에 누워 컴퓨터 화면을 보며 실험을 진행하는 동안, '유능하다'라는 단어가 제시되면 '맞다'와 '아니다'라는 두 버튼 중 무엇을 누를지 결정해야 한다. 여기서 미국 대통령이 유능한지를 판단하는 상황과 내 자신이 유능한지를 판단하는 상황은 대단히 큰 차이가 있다. 이때, 당신의 머릿속 한 구석에서는 이런 생각이 고개를 들지 모른다.

'내가 스스로 유능하다고 하면 다른 사람은 어떻게 생각할까?'

자기 참조 과제를 하는 동안 참가자들의 뇌 속에서는 자신의 내면을 들여다보는 순수한 과정이 진행 중일 수 있다. 그리고 이러한 과정은 복내측 전전두피질이 담당하는 주요 기능 중 하나인 가치 계산과 무관할 수 없다. 자기 참조 과제 역시 선택이 요구된다는 점을 고려할 때, 증가된 복내측 전전두피질의 활성화 수준은 참가자들이 선택하는 옵션들의 가치를 계산하는 데 사용되고 있을 것이다.

이 상황에서 참가자들이 기대하는 보상, 그리고 추구하는 가치는 과연 무엇일까? 혹시 '나의 긍정적인 이미지'를 다른 사람들에게 전달하고 싶은 것은 아닐까? 그렇다면 복내측 전전두피질은 '평판'이라는 가치 계산과 관련될 수 있다는 가설이 가능하다.

누군가 나를 관찰하는 상황에서는 선택이 달라진다

우리 연구실 출신 윤이현 박사와 김광욱 연구원은 복내측 전전두피질의 평판 관리 기능에 대한 가설을 직접적으로 검증하기 위해서 한 가지 실험을 구상했다. 이 실험에서 참가자들은 이전 연구들과 동일하게 단순한 자기 참조 과제를 수행했다. 그렇지만 이번에는 타인 조건에서 미국 대통령 대신 자신과 친한 친구 중 한 명을 선택하도록 요구했고, 평판 관리 기능을 알아보기 위해 참가자들을 관찰 집단과 통제 집단으로 나누어서 관찰해보았다. 관찰 집단 참가자들에게는 실험 전 컴퓨터 오작동으로 참가자 반응을 자동으로 기록하는 기능에 문제가 발생해 실험자들이 바깥에서 모니터를 보면서 수동으로 반응을 기록할 예정이라고 알려주었다. 반면에 통제 집단에게는 이러한 점을 알려주지 않았다.

실험 결과, 예상대로 통제 집단에 비해 관찰 집단은 자신에 대해 덜 부정적으로 평가했지만 예상과 달리 자신을 더 긍정적으로 평가하지는 않았다. 그런데 이보다 더 놀라운 결과는 친구에 대한 평가에서 나타났다. 흥미롭게도 관찰 집단에서는 통제 집단에 비해 자신의 친구를 더 긍정적으로 평가했다. 왜 이런 결과가 나왔을까? 혹시 자신의 친구를 긍정적으로 평가하는 행동이 자기 자신의 평판을 높이는 데 도움이 된다고 생각하기 때문이 아닐까?

이 질문에 답하기 위해서는 또 다른 실험이 필요했다. 이번에는 새로운 참가자를 모집해 앞의 실험에 사용된 단어로 자신 혹은 친구를 평가하는 사람에 대해 어떤 인상을 갖는지 알아보았다. 예를 들어 자신 혹은 친구를 '똑똑하다'라고 평가하는 사람에 대해 얼마나 긍정적인 혹은 부정적인 인상을 느끼는지 질문했다. 그 결과 참가자들은 스스로를 더 부정적인 단어로 평가하는 사람에 대해서는 부정적인 인상을 보고했지만 흥미롭게도 스스로를 더 긍정적인 단어로 평가한 사람에 대해 그다지 긍정적인 인상을 갖지 않았다. 이런 결과를 토대로 생각해보면 본 실험에서 통제 집단에 비해 관찰 집단에서 자신을 덜 부정적으로 평가하는 경향은 증가한 반면 더 긍정적으로 평가하지는 않았던 이유를 알 수 있다. 전자는 자신의 평판에 도움이 되지만 후자는 그렇지 않기 때문이다. 관찰 집단에서 자신을 더 긍정적으로 묘사하지 않은 이유는 일종의 '겸손 편향'이라 볼 수 있으며, 즉 잘난 척하는 사람을 향한 타인의 부정적인 평가를 피하기 위해서라고 해석할 수 있다.

가장 흥미로운 부분은 자신의 친구를 평가하는 경우다. 과연 사람들은 자신의 친구를 더 긍정적으로 평가하는 사람에 대해 어떤 인상을 가질까? 예상한 것처럼 사람들은 자신의 친구를 더 긍정적인 단어로 평가하는 사람에 대해 좋은 인상을 보고했다. 다시 말해 자신의 친구를 다른 이에게 소개할 때 긍정적인 측면은 강조하고 부정적인 측면은 피하는 것이 오히려 자신의 평판을 높이는 데 좋은 전략이 될 수 있음을 보여준다.

그렇다면 뇌의 어떤 부위가 이러한 평판 관리 행동과 관련될 수 있을까? 이에 답하기 위해 참가자들이 자신과 친구를 평가하는 동안 fMRI(기능적 자기공명영상 기법)를 통해 뇌 반응을 관찰해보았다.

그 결과 통제 집단에 비해 관찰 집단에서, 자신을 평가할 때 단어가 부정적일수록 신호의 크기가 증가하는 부위로 복내측 전전두피질의 관찰되었다. 또한 친구를 평가할 때는 동일한 부위에서 단어가 긍정적일수록 신호의 크기가 증가했다. 얼핏 생각해보면 이 두 기능은 서로 반대인 것처럼 보인다. 하지만 좀 더 생각해보면 평판을 위협하는 행동은 피하고 평판에 득이 되는 행동은 취한다는 점에서는 둘 다 평판 관리 행동으로 볼 수 있다. 다시 말해 관찰 집단은 통제 집단에 비해 자신을 평가할 때 부정적인 단어에 대해서는 더 '그렇지 않다'고 답했고, 친구를 평가할 때 긍정적인 단어에 대해서는 더 '그렇다'라고 답했다. 이는 모두 타인에게 긍정적인 인상을 주기 위한 평판 관리 행동에 해당되며 복내측 전전두피질 활동의 증가와 관련되는 것을 확인할 수 있었다.

누군가 자신을 지켜볼 때 복내측 전전두피질은 자신의 평판에 해가 되는 대상을 빠르게 회피하고 반대로 평판에 도움이 되는 대상에게는 접근하는 행동을 촉진하는 것으로 보인다. 이처럼 복내측 전전두피질의 활동이 평판 관리라는 목표와 긴밀하게 관련된다는 증거들을 고려할 때, 이 부위를 단순히 자기 참조 영역으로 보는 단순한 해석은 더 이상 맞지 않는다. 오히려 평판 추구 혹은 평판 관리 기제라는 이름이 더 적절하지 않을까?

우리는 타인을 통해서만 인식 가능한 존재이다

앞선 연구 결과를 통해 우리는 몇 가지 유의미한 발견을 할 수 있었다. 먼저 우리 인간이 자신을 판단하는 데 관여하는 자기 참조 영역이 평판을 높이는 행동을 예측한다는 것이다. 이와 함께 인간의 본성과 관련된 매우 중요한 점에 대해 생각해볼 수 있다. 나를 인식하는 과정에서 타인의 시선, 즉 평판이 매우 중요한 요소일지 모른다는 점이다. 어쩌면 우리는 타인의 시선을 의식하면서 비로소 나를 인식하게 되는 것이 아닐까? 나아가 우리에게 자아라는 것은 타인을 통해서만 인식 가능한 존재라는, 다소 철학적인 추론도 가능해 보인다.

우리는 출생과 동시에 타인(주로 엄마)에게 영향을 받기 시작하며, 발달 과정 내내 타인 혹은 사회가 규정한 가치들에 끊임없이 영향을 받으면서 성장한다. 사회적 가치와 규범은 곧 나를 정의하는 데 필수 재료인 셈이다. 이러한 점을 생각해보면, 나를 인식하고 돌아보는 과정에서 활성화되는 뇌 영역이 평판 추구 동기와 관련된 뇌 부위와 동일한 곳이라는 사실이 별로 놀랍거나 낯설지는 않다.

뇌과학 talk talk 2

'fMRI, 기능적 자기공명영상 기법'이란 무엇일까?

기능적 자기공명영상 기법functional Magnetic Resonance Imaging의 등장은 뇌 기능에 대한 연구의 수준을 획기적으로 높여 뇌과학 연구 역사에 한 획을 그었다. 흔히 줄여서 fMRI라고도 부르는 이 기법은 뇌 혈관을 통해 이동하는 헤모글로빈을 추적하는 뇌 영상 기법으로 신경세포의 활동을 간접적으로 측정할 수 있게 해준다. 예를 들어 우리가 어떤 그림을 본다고 가정해보자. 이때 시각피질에 위치한 신경세포가 활동하면 그 신경세포는 산소를 필요로 하게 되고, 그 신경세포 주위에 있는 뇌혈관으로 산소를 함유하고 있는 헤모글로빈들이 모여들게 된다. 그런데 산소를 포함한 헤모글로빈과 산소를 포함하지 않은 헤모글로빈은 자기장에 반응하는 정도가 확연히 다르다. 결과적으로 해당 위치에 산소를 포함한 헤모글로빈의 양이 산소를 포함하지 않은 헤모글로빈의 양보다 많을 때 더 높은 fMRI 신호를 얻을 수 있게 된다. 이러한 이유로 fMRI 신호를 BOLDBlood Oxygen Level Dependent 신호, 즉 '혈액 내 산소 수준에 따라 변화하는 신호'라고도 부른다.

다시 말해 높은 fMRI 신호를 보이는 뇌 부위는 그 근처에 산소를 포함한 헤모글로빈의 양이 증가했다는 것을 가리키며, 이는 곧 그 주변에 활발한 활동을 보이는 신경세포들이 존재한다는 사실을 알려주는 신호다. 오늘날 우리가 살아서 움직이는 인간의 뇌를 절개하지 않고도 뇌의 깊숙한 곳에 위치한 신경세포의 활동을 실시간으로 측정할 수 있는 것은 바로 이 fMRI 덕분이다.

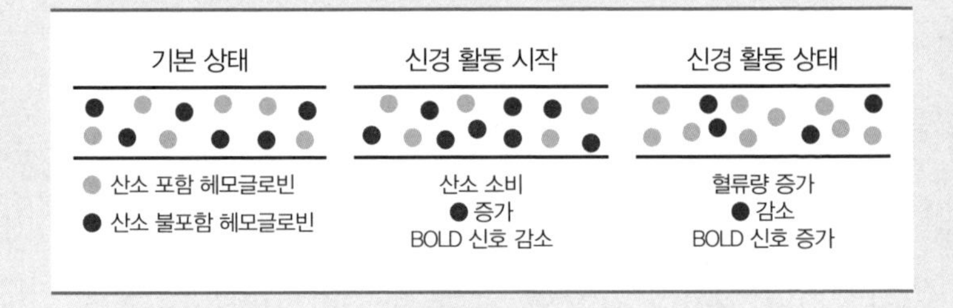

선택의 가치를 계산하는 뇌

—— 우리는 선택을 내리기 전에 여러 가지 다양한 가치들을 고려한다. 이러한 다양한 가치 가운데 어떤 것은 우리 머릿속에서 별 노력 없이 거의 자동적으로 계산되지만 또 어떤 것은 아무리 노력해도 행동으로 이어질 정도까지 계산되지 않는다. 누구나 한 번쯤 경험해봤을 법한 예를 들자면 전자는 스마트폰 게임, 후자는 시험공부 정도가 되겠다. 애써 도서관 책상 앞까지는 가지만 책보다 스마트폰을 선택하기가 훨씬 쉽지 않은가.

여기서 우리가 알아두어야 할 복내측 전전두피질의 중요한 속성이 한 가지 더 있다. 오랜 경험을 통해 직관적으로 학습된 가치들을 계산한다는 점이다. 이러한 속성을 잘 보여주는 한 실험이 있다.[2] 이 실험에서는 복내측 전전두피질이 손상된 환자들에게 게임을 하는 동안 보상으로 직접 현금을 지급하거나 컴퓨터 스크린에 숫자로 지급해주었다. 그 결과 현금으로 지급할 때는 정상인과 큰 차이가 없지만, 컴퓨터 스크린 숫자로 지급할 때는 보상 가치를 잘 인식하지 못하는 경향성을 보였다. 오랜 발달 과정과 사회화 과정을 통해 강한 보상으로 학습된 현금을 볼 때 우리 뇌는 거의 반사적으로 보상의 가치를 계산할 수 있다. 그리고 이러한 정보 처리 과정은 수많은 반복 경험을 거쳐 자동화되었기 때문에 복내측 전전두피질보다 더 하위 구조에서도 충분히 처리가 가능한 업무일 가능성이 크다. (뒤에서 언급되겠지만 이는 우리 뇌에서 보상 중추로 잘 알려진 측핵을 통해 이루어지는 것으로 보인다.)

대부분의 사람들은 컴퓨터 화면에 제시되는 1000원이라는 글자가 금전적 보상을 가리킨다는 사실을 특별한 노력 없이도 이해할 수 있다. 하지만 당연해 보이는 이런 가치 계산 과정은 어쩌면 복내측 전전두피질의 숨은 노력 덕분일지 모른다. 과거의 선택 경험을 토대로 보상을 예측하는 정보를 빠르게 탐지하고 선택의 가치를 계산하는 기능, 이것이 바로 복내측 전전두피질이 담당하고 있는 중요한 기능이다. 보상을 향한 접근 행동 혹은 위험으로부터의 회피 등과 같이 거의 본능적으로 자동화된 행동 프로그램들만으로는 선택이 어려울 때, 복내측 전전두피질은 이들을 빠르게 중재하는 역할을 담당한다. 바로 이런 이유로 복내측 전전두피질은 가치 계산 기능에 있어 가장 중요한 핵심이 된다. 지금부터는 복내측 전전두피질의 가치 계산 기능에 대해 좀 더 자세히 알아보도록 하자.

두 가지 가치 사이에서 저울질하는 방식

머릿속에 계산기가 들어 있는 것도 아닌데, 우리가 선택할 때마다 계산하는 과정은 대체 어떻게 이뤄질까? 복내측 전전두피질은 미간에서 뇌 안쪽으로 5센티미터 정도 들어간 곳에 위치해 있다. 이 부위는 가치를 계산하기 위해 우리 몸의 여러 부위에서 항상성의 붕괴를 알리는 신호들을 수집한다. 예를 들어 며칠 굶주린 탓에 미치도록 배가 고파 먹을 것을 찾는 상황부터 고통스러운 환경에서 벗어나려는 상황까지, 신호를 유발하는 상황은 원인과 결과에 따라 다양하다. 이렇게 다양한 상황을 단순화하면 크게 '접근'과 '회피'라는 두 가지 범주로 나눌 수 있다. 즉, 배가 고파 음식을 먹으려는 행동은 접근, 고통을 피하려는 행동은 회피라 할 수 있다.

우리 뇌에는 이러한 접근 행동과 회피 행동에 비교적 특화된 부위들이 존재한다. '측핵Nucleus Accumbens'과 '편도체Amygdala'가 그 대표적인 예다. 측핵은 '쾌감 중추Pleasure Center'라는 별명이 붙을 정도로 다양한 종류의 보상에 반응하며, 주로 보상을 얻기 위한 행동을 강화하고 보상 추구 행동을 학습하는 데 관여한다.[3] 그래서 동물의 경우 이 부위가 손상되면 특정 대상이나 장소에 대한 선호 행동을 학습하는 데 특히 어려움을 겪는다. 또한 뇌 영상 연구 결과에 따르면 인간의 경우에는 가격과 상관없이 자신이 좋아하는 상품을

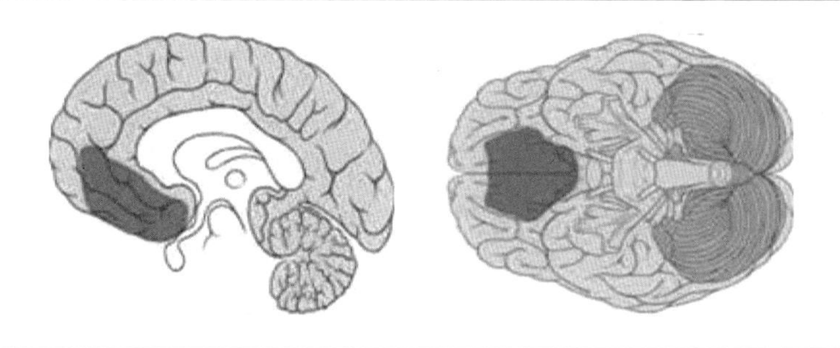

■ **복내측 전전두피질:** 우반구의 중심 단면(왼쪽)과 아래에서 올려다본 뇌의 아래쪽 면(오른쪽)

볼 때 측핵의 반응이 증가했다. 이런 점으로 미루어보아 측핵은 신체 내부의 균형 상태를 유지하기 위해 필요한 대상(예를 들어 음식이나 물)을 향해 접근하는 강력한 신경학적 신호를 만들어내는 부위로 볼 수 있다.

반면 편도체는 위험하거나 불쾌한 자극으로부터 벗어나기 위한 위험 회피 행동을 학습하는 데 주로 관여한다.[4] 이를 증명해 보이는 동물 연구가 있다. 이 연구에서는 생후 2주된 원숭이들의 양쪽 편도체를 제거한 뒤 엄마 원숭이에게 돌려보냈다.[5] 그로부터 6개월 뒤 이 원숭이들과 정상 원숭이들을 대상으로 간단한 실험을 했다. 원숭이들 앞에 음식과 고무 뱀을 놓고 어떤 행동을 보일지 관찰한 것이다. 정상 원숭이의 경우, 고무 뱀을 극도로 경계하면서 음식 주위를 빙빙 돌기만 했지만, 편도체가 제거된 원숭이는 고무 뱀에 전혀 반응하지 않고 바로 음식을 집어먹었다. 처음 보는 낯선 대상이나 위협이 될 수 있는 대상을 보았을 때 이로부터 회피하려는 본능

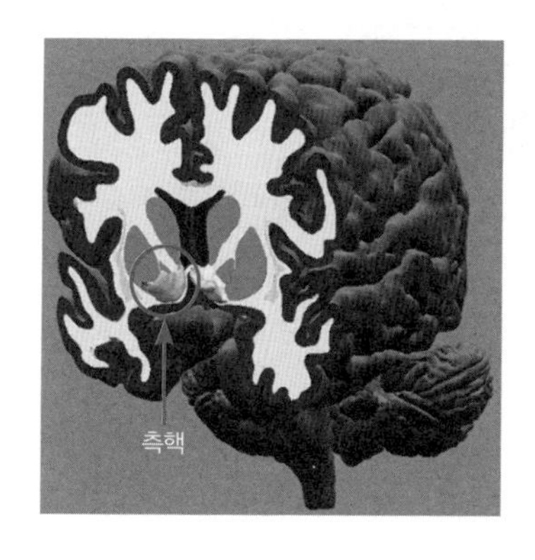

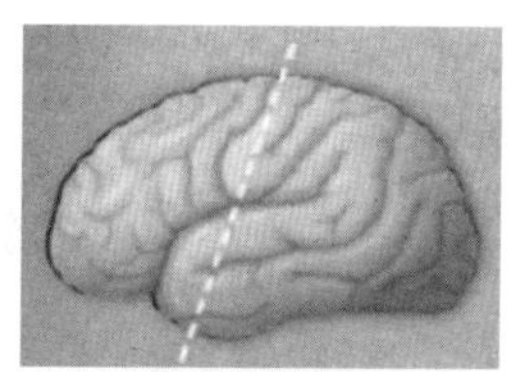

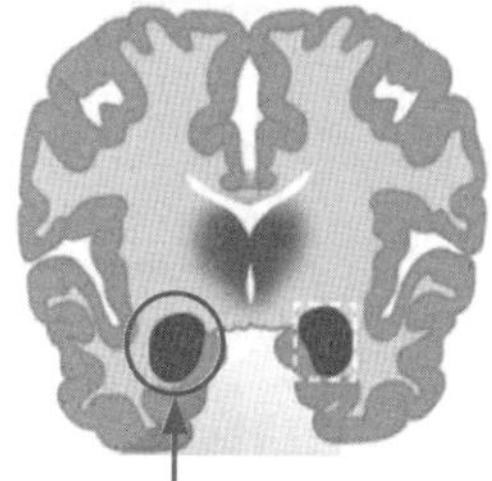

■ 우리 뇌의 측핵과 편도체

적인 반응이 사라진 것이다. 편도체는 신체 내부의 항상성을 위협하는 사건이나 자극(예를 들어 통증 유발 자극)을 순간적으로 감지하여 이를 회피하도록 만드는 것으로 보인다.

하지만 비교적 단순한 목표를 향한 접근 혹은 회피 행동만으로는 해결되지 않는 복잡한 상황들도 있기 마련이다. 아주 단순한 예로 한 아이가 사탕을 하나 더 먹을까 말까 망설이는 상황을 떠올려보자. 달콤한 사탕은 하나의 보상으로서 접근 행동을 촉발하지만, 이가 썩을 수 있으니 먹지 말라던 엄마의 화난 얼굴도 떠오른다. 이때 아이의 뇌 속에는 접근 행동이 초래할 결과와 회피 행동이 초래할 결과 사이에서 신중한 저울질이 시작된다.

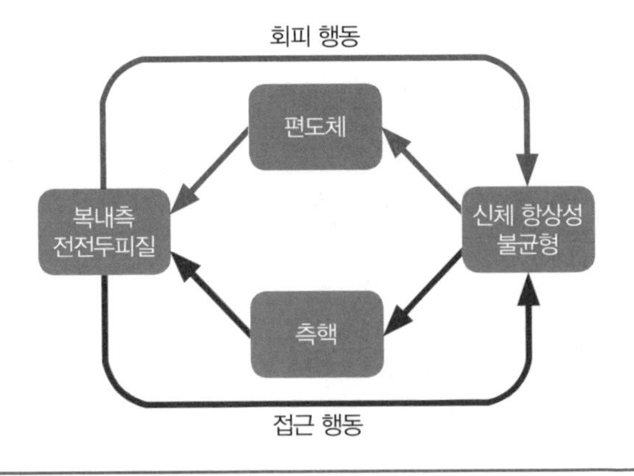

■ 신체 항상성 유지를 위한 접근과 회피 반응의 신경 회로 개념도 (실제로 접근 및 회피 행동과 관련된 신경회로는 이보다 훨씬 복잡하며 다양한 뇌 구조들을 포함할 수 있다.)

복내측 전전두피질의 역할은 바로 이때 빛을 발한다. 접근 행동을 요구하는 측핵과 회피 행동을 요구하는 편도체 간의 적절한 타협을 시도하며 이 상황에서 위험은 최소화하면서 가능한 한 많은 보상을 얻을 수 있는 최적의 행동을 찾아내기 위해 노력하는 것이다. 복내측 전전두피질이 최적의 반응을 찾아내는 과정에는 지금 옆에 서 있는 엄마 얼굴 표정과 같은 외부 감각 정보들이 추가적으로 활용될 수 있다. 엄마의 웃는 얼굴은 사탕을 먹는 접근 행동에 좀 더 무게를 실어줄 수 있고, 화난 얼굴은 욕구를 억누르는 회피 행동에 무게를 실어줄 수 있다. 이처럼 복내측 전전두피질은 '엄마의 표정'이라는 새로운 정보를 토대로 더 정교한 행동 규칙을 찾아내 저장하고, 유사한 상황에서 선택을 도와주는 기능을 담당한다. 이러한 일련의 과정을 우리는 '가치 학습'으로 볼 수 있다.

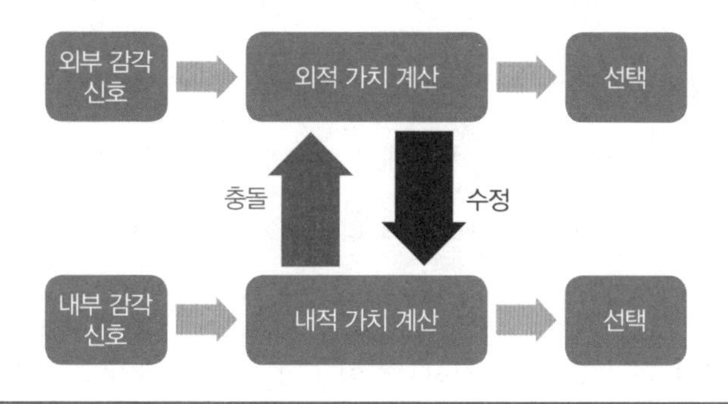

■ 외적 가치 계산과 내적 가치 계산

이처럼 우리 뇌는 다양한 감각 정보들을 활용하여 가치를 계산한다. 뇌는 시각, 청각, 촉각 같은 외부 감각 정보와 심장, 폐 등이 보내는 내부 감각 정보를 전달받는데, 모든 감각 정보는 신체 항상성 유지라는 뇌의 궁극적 목표를 위해 사용된다. 내부 감각 정보는 각 신체 기관의 항상성 불균형을 알리는 신호를 뇌로 보내서 항상성 회복을 위한 행동을 요청한다. 만약 둘 이상의 상충되는 신호가 동시에 전달되면 이 충돌을 해소하기 위해 외부 감각 정보를 활용하게 된다. 앞서 소개한 아이의 사례를 다시 떠올려보자. 사탕을 얻기 위한 접근 행동과 엄마의 질책을 피하려는 행동은 서로 양립할 수 없으므로 충돌이 발생하고, 이를 해소하기 위해 엄마의 얼굴 표정이라는 새로운 외부 감각 정보를 활용하는 것이다.

신체 항상성의 유지라는 중요한 목표를 위해 이미 출생 전부터 활용해오던 내부 감각 신호와는 달리, 외부 감각 신호들은 발달 과정을 거치면서 그 활용도가 폭발적으로 증가한다. 가령 어린아이들은 대부분 영양분을 필요로 하는 신체의 신호에 따라 음식을 섭취한다. 배가 고프면 밥을 먹고 배가 부르면 먹는 행동을 멈춘다. 그런데 점차 성인으로 성장해감에 따라 음식 섭취 행동을 유발하는 신호가 내부 신호가 아닌 외부 감각 신호로 옮겨간다. 옆에서 친구들이 먹기 때문에, 혹은 점심시간이 되었기 때문에 밥을 먹는 것이다. 내부 감각 신호에 의존해서 이루어지던 선택들이 점차 외부 감각 신호에 의존한 선택으로 변화해가는 것이다. 이때 전자를 '내적 가치 계산', 후자를 '외적 가치 계산'이라 부를 수 있다.

내적 가치 계산만으로는 변화하는 환경에 따라 유연한 선택을 하기가 쉽지 않다. 또한 외적 가치 계산에만 의존한 선택은 신체 항상성 유지라는 최종 목적에 부합하는지 확인하기가 어렵다. 따라서 신체 내부 신호들에 기반해 안정적으로 가치를 계산하되, 환경이 변화하면 추가로 외부 환경 신호들을 활용해 유연하게 가치를 수정할 수 있는 기능이야말로 성공적인 의사결정에 필수라 할 수 있을 것이다. 여러 해부학적 조건들과 이 부위의 기능을 규명한 연구 결과들을 종합해볼 때, 복내측 전전두피질은 위 조건에 가장 잘 부합하는 뇌 영역임을 알 수 있다.

삶의 지혜가 녹아 있는 복내측 전전두피질

심리학자들은 인간을 가리켜 '인지적 구두쇠'로 묘사하곤 한다. 인간의 뇌가 에너지를 많이 소모하는 복잡한 정보 처리 시스템을 최소한으로 사용하려는 속성을 갖고 있기 때문이다. 이러한 속성은 뇌의 계층 구조를 통해 잘 드러난다. 반사 신경 회로가 저장된 척수에서 시작하여 중뇌, 편도체·측핵, 복내측 전전두피질, 배외측 전전두피질에 이르기까지 신경계 윗부분으로 갈수록 점차 복잡한 행동을 담당하는 영역들이 위치해 있다. 이들은 마치 회사에 사원, 대리, 과장, 부장, 이사, 사장으로 이어지는 직급 구조가 있는 것처럼 계층적 구조를 갖고 있다. 맨 처음에는 사원이 문제를 해결하지만, 사원 단계에서 해결하지 못하는 사건은 대리에게, 대리 단계에서 해결하지 못하는 사건은 과장, 부장에게, 최종적으로 사장에게까지 이어지는 단계적인 의사결정 체계를 떠올리면 보다 쉽게 이해할 수 있을 것이다.

실제로 유기체가 당면한 문제가 중대해지면, 혹은 이전까지의 경험으로는 문제를 해결하기가 어려워지면 점차 상위 단계의 뇌 구조가 활성화되고, 뇌는 더 많은 에너지를 소모해서라도 문제를 해결하고자 노력하게 된다. 그리고 여러 가지 상황들을 경험하면서 점차 이러한 상황들이 유발하는 감정 반응을 능숙하게 조절하는 방법을 익히게 되는데, 이렇게 습득한 감정 조절 방법들은 사라지는 것이 아니라 뇌 속에 경험의 흔적들로 모두 저장되어 남는다.

일생 동안 다양한 생존 문제를 접하고, 주어진 상황에 적절하게 신체 항상성을 유지하는 방법들을 터득한 경험의 흔적이 저장되는 곳이 어딜까? 바로 복내측 전전두피질이다. 인간과 가장 가까운 이웃인 침팬지의 뇌를 인간의 뇌와 비교해볼 때 가장 큰 차이를 보이는 곳 역시 바로 이 부위라는 점은 결코 우연이 아닐 것이다.

현명한 의사결정은 보상(이익)과 처벌(손실) 사이에서 절묘하게 균형을 유지하는 아슬아슬한 줄타기에 비유할 수 있다. 지나치게 보상에 이끌린 선택과 과도하게 손실을 피하려는 선택 모두 현명한 선택으로 보기는 어렵다. 통증을 전달하는 편도체와 보상을 알리는 측핵 모두에 강하게 연결되어 긴밀하게 상호작용하는 복내측 전전두피질은 보상과 처벌 간의 균형을 위한 최적의 위치에 있다. 다시 말해 보상 또는 처벌을 주는 다양한 정서적 상황에서 측핵과 편도체가 보내는 신호들을 모아 최적의 균형 잡힌 선택을 계산해내는 것이 바로 복내측 전전두피질의 역할인 것이다.

복내측 전전두피질의 통합적 기능에 의해 보상과 처벌 간에 균형 잡힌 최적의 선택이 만들어진 경우, 신체는 다시 항상성을 얻게 되고 측핵과 편도체의 활동은 자연스럽게 줄어든다. 그리고 이러한 선택을 이끌어낸 계산 과정은 복내측 전전두피질에 저장되어 나중에 유사한 상황을 다시 경험할 때 반사적으로 우리의 행동을 이끄는 정서적 직관으로 기능하게 된다. 우리는 이러한 직관을 선택의 가치라 부르기도 한다.

복내측 전전두피질에는 우리가 다양한 상황들을 현명하게 해결해오면서 얻은 귀중한 삶의 지혜들이 녹아 있다고 할 수 있다. 말하자면, 복내측 전전두피질에 형성되는 정서적 직관들은 학습 결과인 셈이다. 이렇게 학습된 직관은, 다양한 삶의 현장 속에서 경험해온 선택 후에 따르는 보상 혹은 처벌이라는 수많은 단순한 논리적 인과관계들의 거대한 집합체다. 그렇다면 이렇게 오랜 기간에 걸친 수많은 논리적 추론들을 통해 형성된 정서적 직관이 우리의 선택을 자동적이고 반사적으로 결정할 때, 우리는 이 선택을 비이성적이라 부를 것인가.

돈보다 평판이 더 중요한 사람의 심리

───── 다음 주 월요일 저녁에 친구가 중요한 일로 만나자는 연락을 해왔다. 그런데 잠시 후 아는 선배가 같은 날 같은 시간에 귀가 솔깃한 아르바이트를 해보라고 제안해온다면? 이런 상황에서 우리는 결정을 내리기 위해 두 옵션의 가치를 비교해봐야 한다. 친구와의 약속을 어기는 선택이 초래할 손실에 대한 가치와 아르바이트를 통해 얻게 되는 금전적 가치를 말이다. 하지만 이 두 가지 가치 사이에는 비교를 어렵게 만드는 요소가 많다. 비교를 하려면 각각의 가치를 공통분모가 있는 하나의 척도 위에 올려놓아야 한다. 즉 선택을 위해 두 가치를 환산해야 하는 것이다.

혹자는 모든 사람이 그렇게 계산적이지만은 않으며 이런 해석은 비인간적이라고 비난할지 모른다. 여기서 유념해야 할 사항은 이러한 가치 환산 과정이 반드시 의식적으로 이루어질 필요는 없다는 점이다. 앞서 언급한 것처럼 가치 환산 과정은 무의식중에 거의 자동적으로 이루어질 수 있다. 가치 환산 과정이 오랫동안 반복된 경험과 학습 기간을 거쳐왔을수록 무의식중에 자동적으로 이루어질 가능성은 커진다.

하지만 우리 뇌가 어떻게 돈이라는 물질적 가치와 인간관계라는 사회적 가치를 빠르게 비교할 수 있을까? 이 질문에 대한 해답을 찾기 위해 경제학자들은 오래전부터 공동통화라는 개념의 필요성을 논의했으며, 경제적인 결정을 위해서는 모든 대안들의 가치가 하나의 척도로 환산하여 평가되어야 한다고 주장했다.[6] 하지만 이 주장은 단지 개념적인 수준에서만 논의되었고, 실제로 이러한 공동통화가 존재하는지는 알 수 없었다. 그런데 최근 뇌영상 연구들을 통해 '신경학적 공동통화common neural currency'의 실체를 규명하기 위한 연구들이 이루어졌다.

최근 한 연구에서는 신경학적 공동통화의 정체를 알아내기 위하여 한 가지 실험을 했다. 선택에 대한 보상으로 돈을 기다릴 때와 음료를 기다릴 때의 뇌 반응을 측정한 후 비교해본 것이다.[7] 돈과 음료는 여러 면에서 다른 자극이기 때문에 그냥 단순히 비교해서는 공통점을 발견하기 어렵다. 따라서 이 실험에서는 돈과 음료의 보상 수준을 각각 3단계로 설정했다. 돈의 경우 돈을 잃는 조건, 잃지도 따지도 않는 조건, 돈을 따는 조건 등으로 나누었다. 음료의 경우에는 달콤한 사과 주스, 아무 맛도 없는 물, 아주 짠 홍차라는 세 가지 조건을 두었다.

돈의 가치를 계산하는 부위는 돈을 딸 경우엔 활동이 증가하고 잃을 경우엔 감소할 것이라 짐작할 수 있었다. 마찬가지로 음료의 가치를 계산하는 부위에서는 사과 주스에 대해 활동이 증가하고 짠 홍차에 대해 활동이 감소할 것으로 예상됐다. 연구진은 돈과 음료 각각에 대해서 가치 조건의 변화에 따라 활동 수준이 변하는 부위의 뇌 지도를 계산한 다음, 두 개의 뇌 지도를 서로 겹쳐서 공통적으로 반응하는 곳을 찾아보았다. 그 결과 복내측 전전두피질만이 유일하게 돈과 음료의 가치 변화에 공통적으로 반응하는 것으로 나타났다. 경제학자들이 오랫동안 찾아온 '공동통화'의 신경학적 실체가 규명된 것이다.

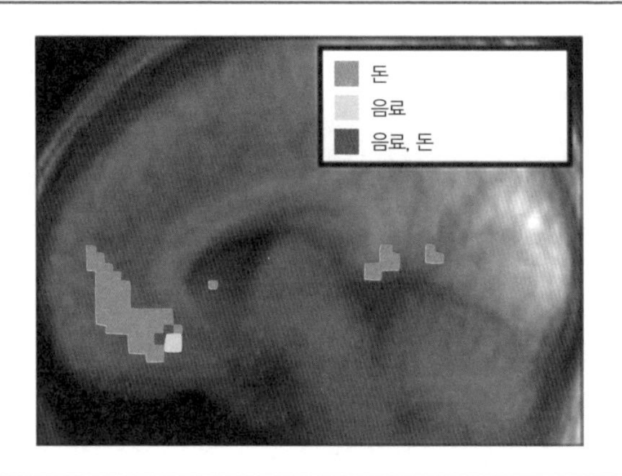

■ 돈과 음료를 보상으로 기대할 때 공통적으로 반응한 복내측 전전두피질

사회적 평판과 복내측 전전두피질의 관계

최소한의 돈은 생존을 위해 필수지만 삶의 만족을 위한 충분조건은 아니다. 우리는 지금까지 세상에는 사랑, 우정, 존중 등 돈으로 살 수 없는 여러 사회적 가치가 존재한다는 말을 귀에 못이 박히게 들어왔다. 그렇다면 과연 이러한 가치는 우리 뇌에서 돈이라는 보상과 구분될 수 있을까? 안타깝지만 지금까지의 연구들에 따르면 아직 큰 차이는 발견되지 않았다.

오히려 사회적 보상을 받을 때와 돈이라는 보상을 받을 때 놀라울 만큼 서로 유사한 뇌 활동 패턴이 관찰되었다. 예를 들어 타인으로부터 칭찬과 같은 사회적 보상을 받을 때와 이보다 좀 더 직접적인 보상인 돈이나 음식 등을 얻을 때는 거의 같은 뇌 부위들이 활성화되었고, 앞서 등장한 복내측 전전두피질이 대표적인 부위인 것으로 밝혀졌다.[8]

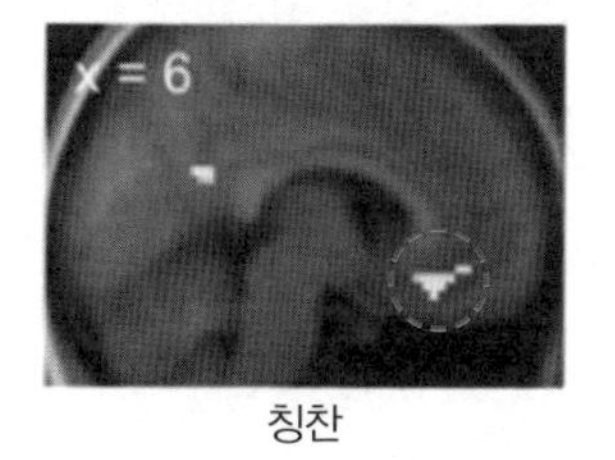

칭찬

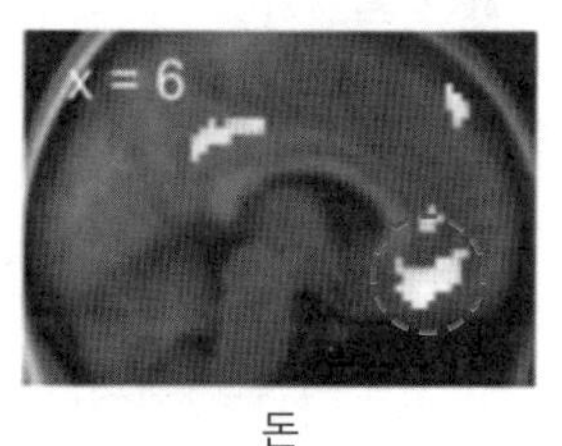

돈

■ 칭찬과 돈을 보상으로 기대할 때 공통적으로 반응한 복내측 전전두피질

이 결과를 어떻게 해석해야 할까? 돈의 가치가 생각보다 높은 걸까, 아니면 사회적 보상의 가치가 생각보다 낮은 걸까? 다양한 가치의 우선순위를 정하는 일은 결코 쉽지 않다. 그런데 사실 우선순위를 정하는 일은 그다지 중요하지 않다. 그보다 더 중요한 것은 이러한 가치들이 공통적으로 갖는 속성이 아닐까 싶다.

금전적 보상과 사회적 보상에 공통적으로 반응한 뇌 부위들은 이러한 가치들의 공통적 속성을 반영하는 것으로 보인다. 어떤 자극이 보상의 역할을 한다면 특정 행동 뒤에 그 자극이 제시될 경우 그 행동을 다시 하게 될 확률 혹은 빈도가 증가해야 한다. 이것이 보상의 '행동 강화 효과'이다. 돈과 칭찬은 모두 보상으로써 행동을 강화할 수 있다. 그리고 돈과 칭찬에 공통적으로 반응한 복내측 전전두피질은 보상을 예측하고 이를 얻기 위한 행동을 증가시키는 뇌 부위로 볼 수 있으며, 앞서 소개한 이 부위의 가치 계산 기능과 일맥상통한다. 이로써 우리는 타인의 칭찬이나 좋은 평가를 이끌어내는 행동이 강화되는 것과 돈이나 음식을 얻기 위해 특정 행동을 지속하는 것 사이에는 신경학적 수준에서 거의 차이가 없다는 점을 짐작할 수 있다.

복내측 전전두피질이 좋은 평판을 형성하고 유지하기 위해 사회적 보상의 가치를 환산하는 부위라는 주장을 잘 뒷받침하는 연구가 있다. 이 연구의 참가자들은 "나는 위험에 처한 사람을 돕는 데 주저하지 않는다"와 같이 사회 규범과 관련된 문장들을 통해 자신을 평가하는 과제를 실시했다.[9] 흥미로운 대목은 실험의 절반가량이 이루어지는 동안에는 참가자들이 옆에서 다른 사람들이 지켜보는 가운데 선택을 하도록 했고, 나머지 절반의 실험이 진행되는 동안은 지켜보는 사람 없이 평가하도록 했다는 점이다. 그 결과 다른 사람들이 옆에서 지켜보는 조건에서는 참가자들에게서 복내측 전전두피질의 활동이 현저하게 증가하는 것이 관찰됐다. 즉 자신의 평판이 타인에게 노출되는 상황에서 복내측 전전두피질의 활동이 크게 증가한 것이다. 이와 같은 결과로 미루어볼 때 복내측 전전두피질이 사회적 평판의 가치를 표상하는 데 있어서도 중요한 역할을 담당하는 것을 짐작해볼 수 있다.

이러한 결과들은 복내측 전전두피질의 평판 관리 기능에 대한 가설을 지지하는 좋은 증거들이다. 물론 지금까지 소개된 연구들을 종합해서 복내측 전전두피질의 기능을 하나로 정의하기는 매우 어렵다. 이 부위는 실제로 금전적 보상부터 사회적 평판과 도덕적 가치, 더 나아가 공정성 같은 수준 높은 사회적 가치에 이르기까지 실로 광범위한 가치와 관련 있는 것으로 보인다.

다음 장에서는 타인의 관심과 호감을 얻기 위한, 단순한 인정 욕구에서 비롯된 평판이라는 사회적 가치가 복내측 전전두피질 내에서 강하게 자리 잡게 되면서 점차 인정 중독으로까지 발전하는 과정을 알아보고자 한다. 또한 이렇게 나타나는 인정 중독의 가치가 사회 비교, 타집단 혐오 등 여러 부정적인 사회적 행동들과 어떻게 연결되는지도 함께 살펴볼 것이다.

2장

뇌는 어떻게 인정 중독에 빠지는가

뇌는 일차적 보상보다 이차적 보상에 끌린다

——— 만약 하루 종일 달콤한 초콜릿만 먹는다면 우리 몸은 어떻게 될까? 몸에 필요한 다른 영양소들은 무시한 채 초콜릿만 섭취한다면? 당장에는 이가 썩는 정도로 그칠지 모르지만 계속해서 초콜릿만 탐닉한다면 영양 불균형이 초래되어 신체 전반에서 문제가 일어날 것이다.

이 세상에 존재하는 모든 보상은 유기체의 생존에 필요한 자원을 제공한다. 따라서 생존을 목적으로 하는 유기체라면 보상을 수반하는 행동의 빈도를 점차 증가시키는 것이 당연하다. 그런데 생존에 필요한 자원은 다양한 형태를 지니기 때문에 한 가지 행동만을 반복하면서 필요한 모든 자원을 지속적으로 충분히 얻을 수는 없다.

한 가지 혹은 제한된 종류의 보상만을 얻기 위해 동일한 행동을 반복하여 생존에 필요한 다른 자원을 얻을 기회를 놓치는 상태를 우리는 '중독'이라 부른다. 중독이라는 말은 흔히 두 가지 뜻으로 쓰인다. 농약이나 납 등 독성을 가진 물질에 오염되는 경우를 말하는 중독intoxication, poisoning이 있고, 한 가지 일이나 생각을 반복적으로 행하는 중독addiction도 있다. 이 책에서는 편향적이고 경직된 가치 판단과 관련해서 후자의 중독만을 다루기로 하자.

한 가지 일이나 생각을 반복하는 중독의 상태에 들어서게 되면, 보상을 얻기 위한 행동이 보상을 가져오고 이 보상이 다시 그 행동을 강화시키는, 강력한 순환 과정이 지속된다. 습관의 고리habit loop라고도 불리는 이 강력한 순환 과정에 일단 들어서게 되면 여기서 벗어나기가 매우 힘들어진다. 그렇다면 우리의 뇌는 중독에서 벗어나기 위해 어떠한 전략을 사용할까?

중독으로부터 해방될 수 있는 결정적인 열쇠는 한 가지 보상에 탐닉하면서 잃어버리게 되는 또 다른 보상, 즉 놓치고 있는 다른 중요한 자원들을 분명하게 인지하는 것이다. 대부분의 경우 중독에 빠지게 되는 행위는 즉각적인 보상을 주는 반면, 중독으로 인해 놓치는 (혹은 포기하는) 다른 자원들은 이보다 덜 즉각적이거나 추상적인 형태의 보상인 경우가 많다. 예를 들어보자. 게임에 빠진 사람이 탐닉하는 보상은 즉각적으로 주어지는 게임 포인트지만, 내일까지 마쳐야 하는 숙제가 주는 보상(혹은 피할 수 있는 처벌)은 좀 더 기다림이 필요하며 일종의 상상력을 요구하므로 좀 더 노력해서 계산해야 한다.

즉각적이고 구체적인 보상의 가치보다 기다림이 필요하고 추상적인 보상의 가치가 약할 경우 우리는 중독에 빠진다. 중독에 빠지는 것도 중독을 이겨내는 것도, 결국은 모두 가치 계산을 통한 선택의 결과들이다. 물론 추상적인 보상의 가치를 계산할 수 있는 능력에는 개인차가 있으며, 이 능력은 중독에 빠지는 사람과 그렇지 않은 사람을 구분하는 가장 중요한 척도가 된다.

불균형이 치명적인 이유

한 가지 보상에만 집중하는 뇌의 상태가 문제가 되는 이유는 무엇일까? 이에 대한 해답을 위해 인간 사회에서 흔히 나타나는 사회적인 문제를 예로 들어보자. 급속한 번영을 이룬 사회에서는 종종 부의 불균형이라는 사회적 문제가 나타난다. 소수의 기업 혹은 개인이 사회 자본의 대부분을 장악하고 사회를 이끄는 주된 동력으로 자리 잡은 상태 말이다. 모름지기 번영이 시작된 초기에 사회 구성원 전체의 생존을 위해 상대적으로 큰 기여를 한 개인이나 단체에게 지속적으로 강한 보상이 몰리면 시간이 지나면서 점차 부의 불균형이 커지기 마련이다.

이러한 상태가 지속되면 필연적으로 상대적 기여 정도가 약한 개인이나 단체에게 돌아가는 보상은 줄어들고, 경제적 성장 이외에 사회 유지를 위해 필요한 다른 에너지원은 제대로 공급되지 않게 된다. 뿐만 아니라 사회가 처한 내부적 혹은 외부적 환경이 변할 경우, 이 사회에는 이러한 변화에 유연하게 대처할 다른 대안들이 남지 않을 수 있다. 최악의 경우 사회가 몰락하는 결과로 이어질 수도 있다.

부의 불균형으로 인해 계층 간 갈등을 겪는 사회를 변혁하기 위한 노력은 개인이 중독 상태에서 벗어나고자 하는 노력과 일맥상통한다. 부의 불균형을 호소하는 미약한 다수에 귀를 기울이는 일이 문제 해결의 결정적 단서가 될 수 있는 것처럼, 개인의 경우에는 몸 안의 불균형을 호소하는 다양한 신체 신호들에 귀를 기울이는 것이 중요하다.

이러한 신체 신호들은 끊임없이 변화하는 외부 환경과 이에 대한 다양한 신체 내부 기관의 반응을 정확히 반영하는 매우 중요한 정보다. 따라서 불균형을 알리는 다양한 신체 신호들에 귀를 기울이는 과정은 외부로부터 오는 감각 신호에 끌려 익숙한 한 가지 보상만을 과도하게 추구하면서 발생하는 악순환의 고리를 끊어줄 수 있다. 동시에 변화된 신체 상태의 요구를 더 잘 반영해주는 새로운 보상을 찾아 떠나는 첫걸음이 될 수 있다. 그것은 길고 고되지만 반드시 필요한 여정이다.

더 좋은 보상을 얻기 위한 자기통제력

우리 뇌는 다양한 보상의 가치를 계산할 수 있다. 앞서 소개한 바와 같이 여러 종류의 보상들을 공통적으로 계산하는 기능은 바로 복내측 전전두피질이 담당한다. 그러나 뇌가 모든 보상들을 동일하게 취급하는 것은 아니다. 가령 음식은 신체 기능을 유지하기 위해 반드시 필요한 보상이지만, 돈은 음식뿐 아니라 더 많은 보상을 얻기 위해서 사용될 수 있다. 전자를 '일차적 보상primary reward'이라 하고 후자를 '이차적 보상secondary reward'이라 부른다. 이차적 보상은 일차적 보상에 비해 학습이 느리지만 여러 다양한 일차적 보상을 개별적으로 얻기 위해 노력할 필요 없이 하나의 보상만으로 해결할 수 있다는 점에서 매우 효율적이다. 따라서, 일단 학습되면 일차적 보상보다 훨씬 더 강력한 보상이 될 수 있다. 만약 신체로부터 즉각적인 요구 신호가 오지 않는다면 뇌는 일차적 보상보다 이차적 보상에 더 끌린다. 이러한 경향은 당연한 것이며, 장기적으로 볼 때 생존 확률을 높여주는 한층 더 유리한 선택이다. 우리 인간은 대체로 발달 과정을 거치면서 무수히 많은 경험들을 통해 서서히 일차적 보상에서 이차적 보상으로 관심을 옮기게 되어 있다.

그렇다면 타인으로부터의 호감이나 칭찬과 같은 사회적 보상은 어떨까? 사회적 보상은 생존을 위해 필수적인 것은 아니다. 하지만 생존 가능성을 최대한 높이기 위해 무리를 지어 생활하게 된 인간에게는 타인의 지속적인 관심과 호감은 자신의 신체를 유지하고 번식하는 목적을 달성하는 데 매우 중요한 수단이 되었다. 사회적 보상을 얻기 위해 사람들은 자신이 속한 집단의 다른 구성원들이 만족할 수 있는 행동을 하게 되고, 이러한 행동들이 모여 그 집단의 문화와 사회적 규범이 형성된다.

사회적 보상은 앞서 언급된 여러 종류의 중독 상태에서 벗어나기 위한 노력의 주요 원동력이 될 수 있다. 예를 들어 눈앞의 초콜릿 케이크를 무시하고 다이어트를 선택하는 사람은 달콤함이 주는 즉각적인 보상 대신 멋진 몸매와 건강한 신체를 통해 타인의 호감과 인정이 주는 보상을 선택하는 셈이다. 이렇듯 유혹을 이겨내는 힘을 가리키는 자기통제력은 넓은 의미에서 장기적으로 더 유리한 보상을 얻기 위한 선택이라 할 수 있다. 즉 노력도 적게 들고 보상도 작은 선택을 하는 대신, 좀 더 노력이 요구되지만 더 많은 보상을 얻는 쪽으로 기우는 것이다.

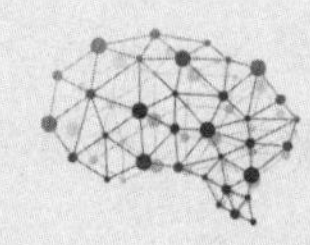

뇌과학 talk talk 3

우리 뇌는 무엇에 쾌감을 느끼는가

약 60여 년 전 올즈Olds와 밀너Milner라는 두 명의 신경과학자들은 뇌의 특정 부분을 전기로 직접 자극할 경우 불쾌한 감정을 유발해 행동을 억제할 수 있을 것이라는 가설을 확인하기 위해 한 가지 실험을 실시했다.[10]

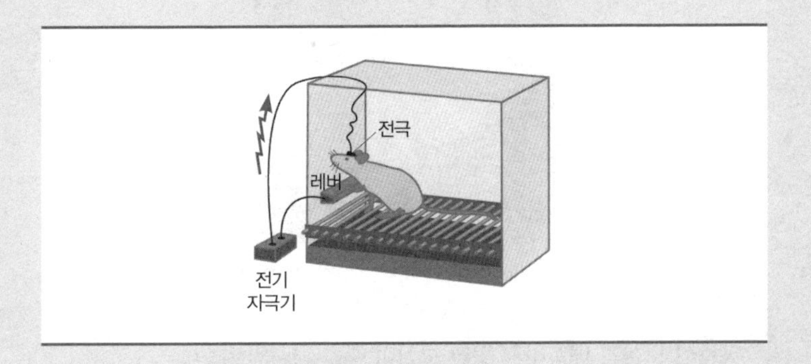

우선 쥐를 실험 방에 넣고 쥐가 그 방의 특정 영역으로 이동할 경우 뇌의 특정 영역에 전기 자극을 가했다. 그런데 예상과 달리 그 쥐는 자극을 받았던 장소를 피하기는커녕 다시 돌아왔다. 이 현상을 자세히 연구해보기 위해 이번에는 쥐가 레버를 누를 때마다 동일한 뇌 부위에 전기 자극이 전달되도록 했다. 그랬더니 시간당 700회 정도의 빠른 속도로 쥐가 직접 레버를 누르는 것이 아닌가. 더욱 놀라운 것은 이 실험에서 쥐가 굶주렸거나 갈증이 심한 상황에서도 음식이나 물보다 이 레버를 누를 때의 전기 자극을 더 선호했다는 점이다. 심지어 레버를 누르다 탈진해 죽는 경우까지 있었다. 이 실험에서 쥐가 전기 자극을 받았던 곳은 측핵과 매우 가까운 부위였고 훗날 쾌감 중추라는 별칭까지 얻었다.

측핵의 활동은 과연 어떻게 쾌감으로 이어진 것일까? 이 질문에 답을 얻으려면 역시 쾌감과 밀접하게 관련된 신경 전달 물질 '도파민dopamine'에 대해 알아야 한다. 도파민을 생성하는 신경세포들은 중뇌의 '복측 피개야ventral tegmental area'에 위치하고 있다. 이 도파민 뉴런들은 여러 다른 뇌 부위들로 광범위하게 신호를 전달한다. 그리고 도파민 뉴런들의 신호를 가장 많이 받는 뇌 부위가 바로 측핵이다.

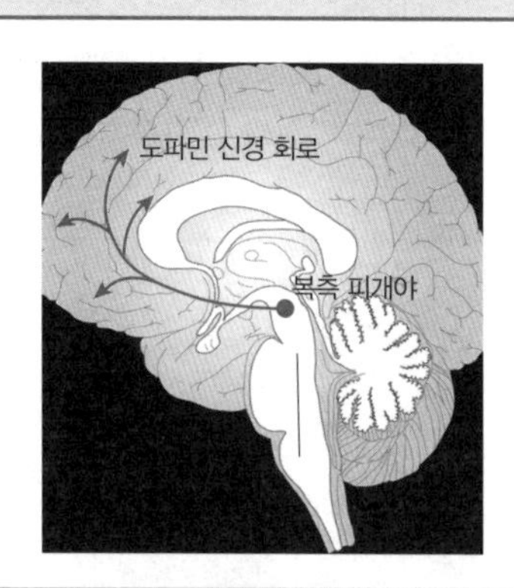

예측한 보상과 예측하지 못한 보상이 주는 쾌감의 차이

'도파민=쾌감'이라는 등식은 이제 거의 상식이지만 실제로 도파민 뉴런의 정확한 기능과 작동 방식에 대해서는 많이 알려져 있지 않다. 사실 엄밀히 말하자면 도파민 세포는 보상 자극에 대해 반응한다기보다 '예측하지 못한' 보상에 반응한다고 보는 것이 더 적절하다. 다음 페이지의 그림은 이러한 도파민 세포의 특성을 잘 보여준다.

먼저 전혀 예측하지 못한 상황에서 느닷없이 보상이 주어진 경우(63페이지 그림의 1번), 도파민 세포는 보상이 주어진 시점에서 높은 수준의 활동을 보인다. 하지만 보상이 주어지기 전에 매번 특정 단서(빛 또는 소리 등)를 반복적으로 제시해주면(63페이지 그림의 2번), 나중에는 그 단서가 제시될 때마다 잠시 뒤에 받게 될 보상을 예측할 수 있게 된다. 이렇게 학습이 이루어지고 나면 도파민 세포는 단서가 제시되는 시점에서 높은 수준의 반응을 보이고, 정작 보상이 주어지는 시점에는 전혀 반응을 보이지 않게 된다.

그렇다면 예측했던 보상이 주어지지 않을 경우에는 어떤 일이 벌어질까?

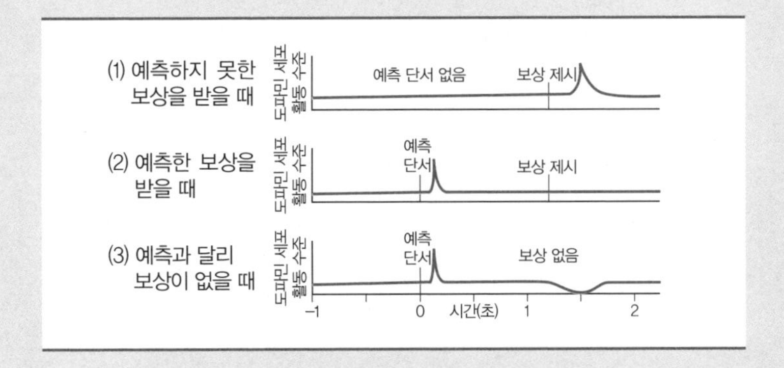

특정 단서와 보상 간의 관계를 완전히 학습하고 나면 단서가 제시되는 순간 뒤에 나올 보상을 예측하고 도파민 세포가 강하게 활동한다. 그러나 그 뒤에 예측했던 보상이 주어지지 않으면 도파민 세포의 활동은 평상시보다 오히려 더 낮은 수준으로 떨어지게 된다(63페이지 그림의 3번). 요컨대 도파민 세포는 예측하지 못한 보상이 주어질 때 가장 활발하게 반응하고, 예측된 보상이 주어지지 않았을 때 가장 저조한 활동을 보인다는 것이다.[11]

우연히 들른 카페에서 마신 커피의 맛과 향이 생각보다 너무 훌륭해서 단번에 그 커피에 매료된 커피 마니아 A씨가 있다고 가정해보자. A씨가 이 커피를 처음 마셨을 때 A씨의 도파민 세포는 엄청나게 활동한다. A씨는 급기야 커피 원두를 구입한다. 다음날 아침, A씨는 일어나자마자 커피를 마시기 위해 준비한다. 분쇄기를 꺼내 청소하고 커피 원두를 갈아서 물을 끓이기 시작한다. 물이 끓으면 여과기를 꺼내 준비된 커피 가루를 넣고 끓인 물을 붓는다. 마침내 커피가 한 방울씩 떨어진다.

상상만 해도 입가에 미소가 지어진다. 하지만 A씨의 도파민 세포는 이 모든 과정을 거치는 동안 거의 반응하지 않는다. 어째서일까? 커피를 준비하는 이 모든 과정은 사실 '예측 가능한' 사건들이기 때문이다. 물론 다소 극단적인 결론일 수는 있다. 그러나 도파민 세포는 예측된 보상에 대해서는 관심을 보이지 않는다는 점을 고려할 때 이러한 추론은 충분히 가능하다. 열심히 준비한 커피가 어제 마셨던 커피보다 훨씬 못하다면 어떤 일이 벌어질까? 도파민 세포의 활동은 평상시보다 훨씬 낮아지게 되고 이는 그 커피 원두에 대한 호감이나 가치를 저하시킬 가능성이 높다.

뇌 속에서 보상을 추구하는 측핵과 도파민

보상을 얼마나 예측할 수 있는가에 따라 민감하게 반응하는 도파민은 과연 어떠한 기능을 담당할까? 1972년 레스콜라Rescolar와 와그너Wagner라는 두 심리학자는 다음과 같은 학습 이론을 제시했다.[12]

$$\text{가치의 변화량}(V_1) = [\text{실제 주어진 보상}(R) - \text{현재 가치}(V_0)]$$

복잡해 보이는가? 간단히 설명하자면, 특정 대상 혹은 사건이 지니는 가치의 변화는 실제 주어지는 보상과 예측한 보상(현재 가치) 간의 차이에 따라 결정된다는 것이다. 위의 공식에 따르면 가치가 수정되는 정도가 가장 큰 경우는 실제 주어진 보상은 크지만(1) 그 보상의 현재 가치는 0일 때, 가치의 변화량은 $1(R) - 0(V_0) = 1(V_1)$이 된다.

반대로 가치가 수정되는 정도가 가장 작은 경우는 보상의 현재 가치는 크지만(1) 실제 보상은 없을 때(0)이며, 가치의 변화량은 $0(R) - 1(V_0) = -1(V_1)$이 된다. 가치의 감소가 일어나는 것이다. 이 이론은 도파민 세포의 활동을 놀라울 만큼 정확하게 설명해준다. 즉 도파민 세포의 활동은 가치의 변화가 필요함을 알려주는 신경세포의 신호로 볼 수 있으며, 쾌감과 같은 감정은 실제로 우리가 가진 가치의 변화를 가리키는 심리적 지표임을 알려주는 것이다.

그런데 우리는 왜 거의 항상 처음 얻은 보상을 통해 경험했던 만족감을 두 번 경험할 수 없을까? 처음과 유사한 수준의 만족감을 얻기 위해서는 반드시 보상의 강도를 높이거나 새로운 보상을 찾아야만 하는 것일까? 도파민 세포의 활동이 실제 보상보다 예측하지 못한 보상에 더 높은 반응을 보인다는 사실은 이런 질문들의 답을 찾는 데 매우 중요한 실마리를 제시한다. 이 질문의 답은 어쩌면 신경과학자들이 궁극적으로 알아내려는 뇌의 작동 원리와 직결되는 것이 아닐까? 어쩌면 도파민 세포가 가진 변덕스러운 특성 때문에 우리는 더 높은 보상을 주는 새로운 자극과 행동을 찾아 끊임없이 앞으로 나아가는지도 모른다. 즉 이런 뇌의 작동 원리로 인해 인간은 무한한 상상력을 발휘하고 끊임없이 도전하는 것일 수도 있다. 하지만 길을 잘못 들어설 경우 점점 더 강력한 보상에 탐닉하게 되는 중독 행동에 빠지게 되는데, 그 이유도 바로 이 도파민 세포의 기능과 관련이 있다.

한편 측핵과 도파민 세포는 뇌의 중추적인 보상 회로의 주요 부위들이지만 인간에게만 존재하는 부위는 아니다. 도파민 세포는 파충류에게서도 관찰된다. 그렇다고 인간이 추구하는 다양하고 복잡한 가치가 파충류도 지니는 신경학적 보상 회로에서 비롯된다고 설명해버리기에는 왠지 아쉽기도 하다. 그렇다면 가치 판단과 관련하여 인간만이 가지고 있는, 혹은 인간에게서 더 발달된 뇌 부위는 무엇일까? 그 해답은 바로 측핵과 긴밀하게 상호작용하는 복내측 전전두피질에 숨어 있을 것이다.

분노 조절 장애, 인정 중독의 또 다른 얼굴

사회적 보상은 중독을 극복하는 데 도움이 될 수 있지만 만족감이나 쾌감, 혹은 즐거움을 주는 수많은 다른 행위와 마찬가지로 사회적 보상도 중독으로 이어질 잠재성을 가지고 있다. 특히 병적인 상태로 분류될 수 있을 정도로 심각한 수준의 인정 욕구는 '인정 중독approval addiction'이라 일컬어진다.

특정 보상을 얻고자 하는 행위가 중독인지 아닌지를 구분 짓는 가장 적절한 기준점은 바로 '원함wanting'과 '좋아함liking' 간에 괴리가 나타나기 시작하는 시점으로 보아도 무방할 것이다.[13] 우리는 어떤 행동을 한 뒤에 만족감을 느끼면 그 행동을 반복하게 되는데, 시간이 지날수록 처음과 동일한 수준의 만족감을 얻기 위해서는 점차 이전보다 더 강한 보상이 필요하게 된다. 그리고 이러한 과정이 반복되면 그 행동은 더 이상 만족감을 주는 것이 아니라, 그 행동을 멈추었을 때 느끼게 될 심각한 박탈감을 피하기 위해 지속하는 부담스러운 일로 변질된다. 이 상태가 되면 더 이상 좋아하지 않는 행동도 지속적으로 원하게 되는 상태, 즉 원함과 좋아함이 분리된 상태에 다다른다. 대부분의 약물 중독이나 도박 중독이 진행되는 과정이 이와 유사한 패턴을 보인다.

이와 동일한 패턴이 인정 중독에도 적용된다. 처음에 누군가에게서 호감이나 감사 혹은 인정을 이끌어낸 특정 행동이 점차 잦아지고 반복되면, 점차 그 행동을 하지 않으면 이전과 동일한 수준의 인정과 호감을 얻지 못할 것이 두렵거나 불안해 그 행동을 지속하게 된다.

예를 한번 들어보자. 처음으로 100점짜리 시험 성적을 받은 아이는 부모님의 칭찬으로부터 보상감을 느끼고, 바로 이 보상감 때문에 공부에 흥미를 가지고 더 노력하게 된다. 하지만 뇌 속에서 보상에 반응하는 신경세포인 도파민 분비 세포는 처음과 동일한 수준의 반응을 보이기 위해 더 높은 강도의 보상 혹은 새로운 보상을 요구한다. 따라서 아이가 처음과 동일한 수준의 만족감을 얻으려면 부모님으로부터 더 높은 수준의 칭찬이나 인정을 받아야 한다. 하지만 부모님도 처음과 비슷한 성적으로는 동일한 수준의 만족감을 느끼지 못하게 되므로 아이는 점점 더 높은 성적을 가져와야만 한다.

만족을 얻기 위한 행동인가, 불안을 피하기 위한 행동인가

학업 목표와 기대 수준이 높아지면서 이전과 동일한 수준의 학업 성적은 오히려 도파민 세포의 활동을 감소시킨다. 이러한 상태가 지속되면 아이가 학업을 지속하는 이유는 이를 통해 만족감을 느끼기 위해서라기보다는 성적이 떨어졌을 때 부모님이 느낄 실망감(도파민 세포 활동의 감소)을 회피하기 위해서가 될 수 있다.

내가 타인의 호감 또는 인정을 얻기 위해 어떤 행동을 했을 때, 이 행동이 나에게 만족감을 주는지 아니면 불안감을 해소시키는지를 정확히 파악할 필요가 있다. 만약 불안감을 해소하기 위해 마지못해 그 행동을 지속하고 있다면, 과도한 인정 욕구로부터 비롯된 인정 중독 상태에 빠진 것일 수 있다. 그리고 이는 나의 가치 체계에 정리가 필요한 시점임을 알리는 중요한 계기가 될 수 있다.

타인으로부터 호감을 얻고 인정받는 일은 음식이나 섹스만큼 강력한 쾌감을 줄 수 있다. 이 쾌감은 나이가 들면서 점점 더 강력해지며, 다른 모든 보상들과 마찬가지로 유기체의 궁극적인 목표에 기여할 수 있다. 하지만 사회적 보상에 과도하게 몰입하면서 생겨나는 인정 중독은 다른 종류의 보상들로 인한 중독보다 더 강력하고 더 헤어나오기 어렵다. 이를 대체할 만한, 더 강력한 가치를 가진 다른 보상을 찾기가 어렵다는 점이 그 주된 이유다.

음식이나 성적 대상에 대한 과도한 집착을 멈추고 통제하도록 해주는 여러 대안적 가치들 중에서 가장 강력한 것은 바로 타인으로부터의 평가라 할 수 있다. 예를 들어 음식에 대한 과도한 집착으로 생긴 비만 체형은 타인으로부터 비호감을 이끌어내고, 성적으로 문란한 행동 역시 주위 사람들에게서 비난을 받을 수 있다. 그리고 이러한 타인의 비호감이나 비난을 피하기 위한 동기는 과식이나 성적 문란함을 억제할 수 있는 효과적인 장치가 될 수 있다. 그렇다면 능력이나 인성 면에서 뛰어나다는 평가를 얻는 사람이 이러한 평가를 지속적으로 얻기 위해 과도하게 노력할 경우, 이 사람의 사회적 보상을 향한 집착을 멈출 수 있는 대안적 가치는 도대체 어디에서 찾을 수 있을까?

아마 이 글을 읽는 독자들은 능력이나 인성이 뛰어나다는 평가를 얻는 일은 좋은 것인데 왜 멈춰야 하는지에 대해 의문을 가질지도 모르겠다. 물론 뛰어난 능력과 인성은 그 자체로 장려되어야 하고 누구나 추구해야 할 중요한 가치임이 분명하다. 단, 이러한 가치를 추구하는 인정 욕구가 적절한 수준을 넘어 어두운 얼굴로 그 모습을 드러내기 전까지는 말이다.

더 높은 존경심을 요구하는 사람들

타인으로부터 인정받고 존중받고자 하는 욕구가 중독 상태에 이르게 될 때에는 어떤 일이 일어날 수 있을까? 한동안 세계를 떠들썩하게 했던 대한항공 회항 사건이 인정 중독의 사례라면 어떤가. 이른바 '갑질'이라고만 여겼던 사건이 인정 욕구와 어떻게 연관되어 있는지 지금부터 한번 살펴보자. 당시 이 사건은 자신들만의 세계를 만들어 살아가는 재벌가의 삶을 들추며 많은 이들에게 충격을 안겼다. 물론 승무원들에게 폭력을 휘두른 대한항공 부사장의 행동만으로 다른 모든 재벌을 싸잡아 비난할 수는 없다. 하지만 그 순간 분노를 참지 못한 부사장의 심리를 과학적으로 분석해보는 것은, 앞으로 유사한 상황을 방지하기 위해서라도 매우 중요한 작업이 될 것이다.

사실 오늘날 우리 주변에는 이와 닮아 있는 사건들이 너무나 많다. 층간 소음으로 다툰 끝에 이웃을 흉기로 살해한 사람이 있는가 하면, 자신에게 길을 양보하지 않은 차를 끝까지 쫓아가 세우고 삼단봉을 꺼내 무차별하게 차체를 부순 운전자, 백화점에서 영업 사원들에게 욕과 구타를 서슴지 않은 VIP 고객도 있다.

마치 기다렸다는 듯이 비슷한 사건들이 봇물 터지듯 꼬리를 물고 발생하면서, '갑질'은 서비스업 종사자로부터 기대보다 못한 대접을 받은 것에 대해 도를 지나친 분노를 표출하는 행위를 가리키는 사회 현상을 설명하는 용어로 자리 잡기까지 했다. 이러한 사례들을 해석하는 전문가들은 한결같이 설명한다. 이러한 현상은 현대인들이 분노를 조절하는 데 큰 어려움을 갖게 되었기 때문이라고 말이다. 그런데 현대인들은 왜 분노를 조절하길 어려워할까?

타인과 비교하여 자신의 지위가 상대적으로 높다는 사실을 확인하는 것은 적응 능력, 즉 생존 적합도를 판단하는 데 중요한 정보가 된다. 이러한 인식은 주로 타인으로부터 존중을 통해 지각된다. 그런데 인정 욕구가 증가함에 따라 이전과 동일한 수준의 존중으로는 만족감을 느끼기 어렵게 되면, 상대방으로부터 점차 더 높은 수준의 존중을 기대하거나 요구하게 된다. 따라서 일상적인 수준의 사과나 감사의 표시에는 오히려 실망감을 느끼거나 상대방으로부터 무시당했다는 느낌을 받게 된다. 급기야 이러한 실망감을 보상받으려는 동기는 분노로 표출되기에 이른다.

이러한 반응은 일종의 약물 중독에서 나타나는 금단 현상과 거의 유사한 생물학적 현상으로 이해할 수 있다. 약물 중독이 심해질수록 동일한 효과를 얻기 위해 점점 더 많은 양의 약물이 필요해지는 것처럼, 인정 중독이 심해질수록 자신의 지위를 확인시켜주는 이전과 동일한 수준의 만족감을 유지하기 위해서 이전보다 더 높은 수준의 칭찬이나 존경심, 혹은 경외감 등을 기대하고 요구하게 되는 것이다.

결국 인정 욕구를 충족시키지 못해 발생하는 분노 반응은 지나칠 정도로 타인으로부터 인정받고자 하는, 인정 중독의 또 다른 모습이다.

1등이 모든 것을 갖는 사회가 부추기는 것

독일어로 '샤덴프로이데schadenfreude'라는 단어가 있다. 샤덴프로이데는 '타인의 불행 혹은 고통을 보며 느끼는 즐거움 혹은 기쁨'이라는 의미인데, 고통을 뜻하는 'schaden'과 기쁨을 뜻하는 'freude'가 합쳐졌다. 우리말로 옮기자면 '쌤통'이란 말이 가장 적합할 것 같다. '사돈이 땅을 사면 배가 아프다'라는 속담과 통한다고 할까? 실제로 우리는 이런 감정을 일상적으로 경험한다.

샤덴프로이데의 뇌과학적 근거는 2004년 타냐 싱어Tania Singer 교수의 뇌 영상 연구에서 드러났다.[14] 이 연구에서 참가자들은 두 명의 실험 공모자들과 돈을 주고받는 경제학 게임을 진행하였다. 먼저 각 참가자와 파트너가 된 두 실험 공모자들 중 한 명은 참가자에게 불공평하게 돈을 나누어주고 다른 한 명은 공평하게 나누어주도록 했다. 그리고 경제학 게임을 마친 후 참가자들은 뇌 영상 장비 안에 누워 양옆에 앉은 두 명의 파트너들에게 고통스러운 전기 쇼크가 전달되는 과정을 컴퓨터 화면을 통해 관찰했다.

실험 결과, 공평했던 파트너에게 전기 쇼크가 전달될 때 실험 참가자는 통증에 주로 반응하는 것으로 알려진 뇌 부위의 활동이 증가했다. 공감 반응을 보인 것이다. 흥미로운 현상은 불공평했던 파트너에게 전기 쇼크가 전달될 때 나타났다. 이 경우 공감 반응 대신 쾌감 중추로 알려진 측핵의 반응이 증가했다. 마음에 들지 않는 상대가 고통을 경험할 때 실제로 쾌감을 느끼는 현상의 뇌과학적 증거를 관찰한 것이다. 이는 샤덴프로이데의 신경학적 실체를 관찰한 첫 번째 연구 결과로 볼 수 있다.

많은 전문가들이 정말로 행복해지고 싶다면 타인과 비교하는 일을 멈춰야 한다고 조언한다. 타인과 비교할 경우 행복의 목표가 사회적 지위라는 제한된 자원으로 한정되어버리기 때문이다. 각자가 자신만의 목표를 향할 때는 모든 사람들이 선두가 될 수 있지만 모두가 하나의 기준을 향해 달려가는 경쟁 상황에서는 1등을 제외한 나머지는 상대적 박탈감을 느낄 수밖에 없다. 그러므로 타인과의 비교에 유난히 민감한 사람은 행복과 멀어지기 쉬우며, 이러한 사회 비교를 강조하고 부추기는 문화는 구성원들의 행복감을 저해하기 쉽다.

타인과 비교할 때 우리의 뇌는 어떻게 반응할까?

사회 비교에 민감한 사람의 뇌는 그렇지 않은 사람과 차이가 있을까? 우리 연구실 출신 강평원 박사는 이 질문에 답하기 위해 사회 비교의 개인차를 측정할 수 있는 뇌 영상 실험을 진행했다. 이 실험에서 각 참가자는 한 명의 다른 파트너와 함께 간단한 도박 게임을 수행했다.[15]

이 게임에서 참가자는 세 장의 뒤집힌 카드 가운데 하나를 선택하고, 잠시 후 선택한 카드를 뒤집어 상금을 얻었는지 벌금을 물어야 하는지를 확인했다. 그리고 약 4초 뒤에 옆방에서 같은 게임을 수행하는 파트너가 상금을 얼마나 얻었는지, 벌금을 얼마나 물었는지에 대한 데이터를 제공받았다. 마지막으로, 파트너의 게임 결과를 확인한 뒤 참가자들은 게임 결과를 받아들일 것인지 아니면 취소하고 다시 할 것인지를 선택하도록 요구받았다. 아마 많은 사람이 자신의 결과가 상금이라면 받아들이고 벌금이라면 취소할 것으로 예상할 수 있다. 하지만 만약 타인과의 비교에 민감한 사람이라면, 파트너에게 주어진 상금이 상대적으로 클 경우 자신에게 주어진 상금에 대해 만족하지 않고 다시 한 번 게임을 하고 싶어 할 것이라는 예상도 가능하다.

실험 결과, 실제로 사람들은 상금이나 벌금의 절대적인 양보다는 파트너의 결과와 비교하며 알게 된 상대적인 차이에 더 많은 영향을 받는 것으로 나타났다. 예컨대 자신에게 상금 400원이 주어졌더라도 파트너에게 상금 800원이 주어진 경우, 이를 '−400원'이라는 상대적 손실로 인식하여 상금 400원을 포기하더라도 더 나은 결과를 내기 위해 다시 게임을 하기로 선택했던 것이다.

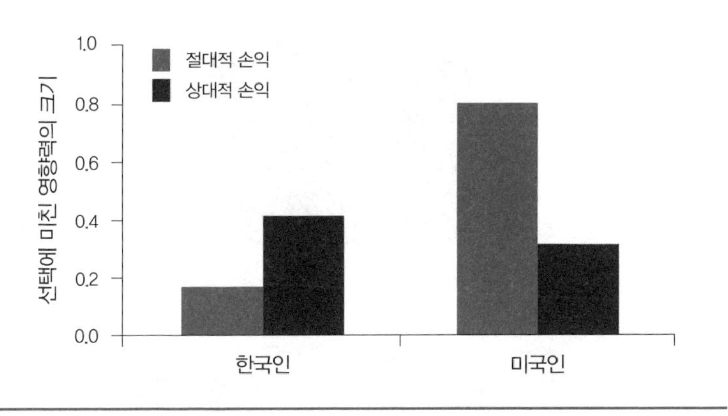

■ 절대적 손익과 상대적 손익이 선택에 미친 영향력의 크기 비교(한국인 : 미국인)

혹시 이런 결과는 한국에서만 나타나는 걸까? 아니면 모든 문화에서 동일하게 나타날까? 최근에 이루어진 여러 사회심리학 연구들에 따르면, 사회 비교 성향에 있어서 동양 문화와 서양 문화 간에 차이가 있는 것으로 나타났다.[16] 집단주의가 강하고 관계중심적인 동양 문화에서는 개인주의가 지배적인 서양 문화에 비해 더 높은 수준의 사회 비교가 관찰되었다. 우리 연구실에서는 이러한 문화 차이를 염두에 두고 앞에서도 언급한 도박 게임 과제를 서양 참가자들에게도 적용해보기로 했다.

서양 참가자로는 한국으로 이주해온 지 2년 미만의 미국인들을 섭외하였고, 성별, 교육 수준, 연령, 가족 관계 등은 한국인 참가자와 최대한 유사하게 맞추었다. 그 결과, 예상대로 미국인 참가자들에게서는 사회 비교 경향성이 현저하게 감소했다. 미국인 참가자들

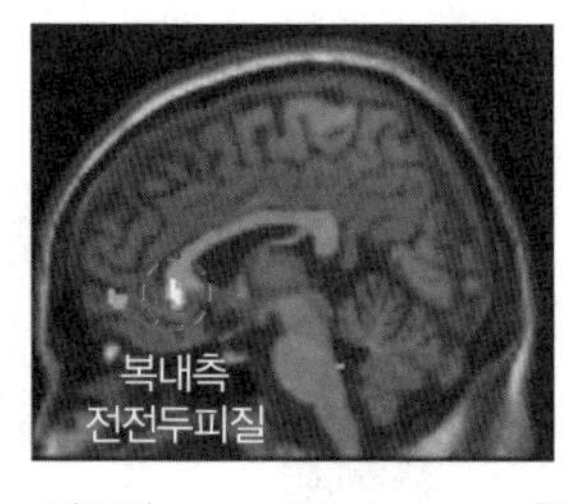

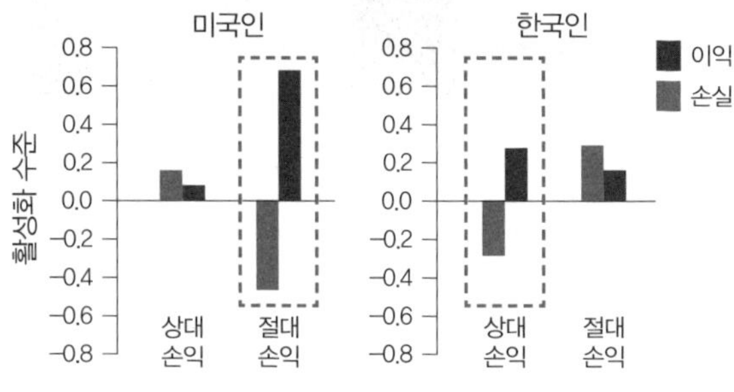

■ 절대적 손익과 상대적 손익이 복내측 전전두피질의 가치 계산 반응에 미친 영향력의 크기 비교(한국인 : 미국인)

은 타인에게 주어진 결과에는 거의 신경 쓰지 않고 자신에게 주어진 결과만 고려하여 상금의 수락 혹은 포기 의사를 결정한 것이다.

동서양 참가자들 간에 관찰된 사회 비교 경향성의 차이는 뇌 활동의 차이로도 나타났는데, 특히 복내측 전전두피질에서 두드러지게 나타났다. 한국인 참가자들의 경우는 복내측 전전두피질이 상대적인 보상에 대해서 민감하게 반응했고, 미국인 참가자들의 경우는 절대적인 보상에 대해서만 민감하게 반응한 것으로 나타났다. 복내측 전전두피질은 선택에 결정적인 영향을 미치는 가치 계산에 주로 관여하는데, 그렇다면 이 부위는 어떻게 문화적 차이에 따라 다르게 반응하는 것일까?

논문에는 보고되지 않은 자료지만 한국인 참가자들 중 전혀 사회 비교 현상을 보이지 않았던 한 사람이 있었다. 흥미롭게도 이 참가자는 한국에서 태어났지만 성인기의 상당 기간을 미국에서 보냈음을 실험이 끝난 후 인터뷰를 통해 확인할 수 있었다. 경쟁적인 문화에 노출된 경험이 길수록 복내측 전전두피질에 저장된 가치 정보의 종류가 변화하는 것은 아닐까? 어쩌면 경쟁적인 문화를 받아들일수록 자신에게 주어진 보상을 그대로 수용하기보다 타인과 비교하며 그 가치를 다시 환산하는 과정을 학습하게 되는 것일 수 있다. 타인과의 상대적 차이에 근거해서 가치를 다시 계산하는 좀 더 고차원적인 정보 처리 과정이 자연스러운 습관으로 자리 잡아간다고 할까?

자신에게 주어지는 보상의 크기를 다른 구성원들과 비교하고 최상의 위치인지를 확인하는 과정은 분명 생존 확률을 높이는 데 도움이 될 수 있다. 하지만 이러한 사회 비교를 통한 가치 계산 과정이 습관화되고 자동화되어 우선적인 가치로 우리 뇌에 각인되고 나면 삶의 만족도는 낮아질 수밖에 없다.

선량한 사람들이 비윤리적인 행위에 동조하는 이유

얼마 전 뉴스를 통해 끔찍한 소식을 접했다. 중남미 지역 한 나라에서 택시 운전사를 살해한 혐의를 받은 열여섯 살 소녀가 군중들 앞에서 화형을 당한 사건이다. 우연히 접한 동영상에서 소녀는 얼굴에 피를 잔뜩 묻힌 채 겁에 질려 넋이 나가 있었다. 광기 어린 군중의 고함이 이어졌고 한 남성이 소녀의 몸에 기름을 부었다. 소녀는 순식간에 화염에 휩싸였다. 그런데 그 모습에 군중들은 너 나 할 것 없이 환호성을 질렀다. 어린 소녀가 온몸에 불이 붙어 죽어가는 동안 수백 명에 달하는 군중 가운데 소녀를 구하기 위해 나서는 사람은 단 한 명도 없었다. 과연 소녀의 죄는 군중들 앞에서 화형을 당해도 마땅한 것이었을까? 이들 중 소녀의 처형에 대해 반대 의견을 가졌던 사람은 정말 아무도 없었을까?

제2차 세계대전 당시 행해진 유태인 학살이나 위안부 동원, 그리고 최근에 와서는 이슬람 극단주의 집단인 IS의 참혹한 테러 활동에 이르기까지 우리는 집단의 목표를 위해 평범한 사람들마저 반인륜적 행위에 가담한 사례들을 잘 알고 있다. 그들은 한 개인으로서는 상상도 할 수 없을 만큼 끔찍한 행위를 권위자 혹은 집단의 의견에 순응해 너무나 쉽게 저지르곤 한다. 이런 악의 평범성이 심리학 연구를 통해 밝혀지기 시작했을 때 많은 이들이 충격에 휩싸였다. 아마 앞서 소개한 예에서 소녀의 화형을 목격했던 군중 안에는 살인 혐의를 받는 소녀라도 군중 앞에서 산 채로 화형을 당하는 것은 옳지 않다고 생각하는 사람들도 분명 있었을 것이다. 아니, 이런 사람들이 다수였을 것이라고 믿고 싶다. 하지만 분노에 휩싸인 군중 앞에서 이에 맞서 양심의 목소리를 내기란 상상할 수 없을 만큼의 큰 용기가 필요한 일이다.

사회적 압력에 대한 충동적 뇌 반응

사회적 압력이 사람들의 행동에 미치는 영향은 사회심리학자 솔로몬 애쉬Solomon Asch의 연구를 통해 대중들에게 널리 알려진 바 있다.[17] 애쉬의 실험은 매우 간단하지만 결과는 충격적이었다.

실험 과정은 이렇다. 한 번에 여러 명의 참가자들이 간단한 지각 검사에 참여했다. 그런데 실제로는 그중 한 명만 진짜 참가자이고 나머지는 참가자를 가장한 실험 보조자들이었다. 참가자는 스크린에 제시되는 세 개의 선 중 왼쪽에 제시된 기준 선과 가장 유사한 선을 찾아야 했고, 참가자가 답하기 전에 나머지 사람들은 모두 틀린 답을 말했다. 이때 참가자는 과연 어떻게 반응했을까? 틀린 답이라는 것이 너무나 뻔하지만 대부분의 사람들이 옳다고 말하면 이에 맞서고 거부하기란 역시 어려운 것일까? 참가자들 가운데 상당수는 이런 경우 자기 의견을 접고 다른 사람들의 틀린 답을 따라가는 동조 행동을 보였다.

우리 뇌의 어떤 부분이 이러한 동조 행동을 유발하는 것일까? 혹시 자신의 의견이 타인과 다른 상황을 무의식중에 위협적인 정보로 인식했기 때문은 아닐까? 애쉬의 실험과 유사한 간단한 지각 검사를 사용한 최근 한 뇌 영상 연구는 이 질문에 대한 한 가지 단서를 제시한다. 이 실험에서 참가자들이 자신의 의견과 집단의 의견이 다른 것을 인식했을 때, 편도체의 활동이 증가하는 현상이 관찰된 것이다.[18] 물론 편도체의 활동은 여러 의미로 해석될 수 있다. 단순히 편도체의 활동이 높아진 것만으로 자신의 의견을 꺾고 집단의 의견에 동조하는 행동이 위협을 느꼈기 때문이라고 해석할 수는 없다.

여기서 또 다른 해석이 가능하다. 자신과 집단의 의견이 서로 일치하는 상황이 주는 보상감 때문에 참가자의 행동이 편향될 수 있다는 것이다. 이러한 주장을 지지해주는 증거가 있다. 한 연구에서 참가자들은 제시된 여러 얼굴들의 매력도를 평가했다.[19] 제시된 얼굴에 참가자가 먼저 평가를 내리고 난 후, 동일한 얼굴에 다른 사람들이 내린 매력도의 평균치가 제시되었다. 바로 이 시점이 중요하다. 내 판단이 대부분의 사람들이 내린 판단과 다르다는 것을 알게 된 순간 우리 뇌에서는 어떤 변화가 나타날까?

뇌 영상 장비를 통해 나의 판단이 대부분의 다른 사람들의 판단과 상충한다는 사실을 확인하는 순간, 참가자들의 뇌에서 측핵의 반응이 감소했다. 이와 반대로 자신의 판단이 다른 사람들의 판단과 일치한다는 사실을 확인하는 순간에는 측핵의 반응이 증가했다. 앞서 소개한 것처럼 측핵은 음식과 같은 보상을 받을 때 활동이 증가하는 보상 관련 회로의 핵심 영역으로 잘 알려져 있다. 다시 말해 나의 의견이 다른 사람들과 부합할 경우에는 보상을 받을 때와 유사한 뇌 반응이, 그 반대 경우에는 기대한 보상을 받지 못했을 때와 유사한 뇌 반응이 나타난 것이다.

이 두 연구 결과를 종합해보자. 앞서 측핵과 편도체가 각각 접근 행동과 회피 행동을 촉발시키는 강력한 기능을 가지고 있다는 것을 확인했다. 이러한 사실을 통해 유추해 볼 때, 자신의 의견과 집단의 의견이 대립되는 상황은 강한 회피 반응을 유발하고, 반대로 일치하는 상황은 강한 접근 행동을 유발한다고 해석할 수 있다. 이러한 충동적 반응들은 무조건적으로 집단의 의견을 좇아가는 편향적 행동으로 이어지게 된다.

나의 의견과 집단의 의견이 상충할 때, 집단의 의견을 따라가는 것과 나의 의견을 끝까지 고수하는 것 중 과연 어느 쪽이 좋은 선택일까? 아마도 이 질문에 대한 정답은 "그때그때 달라요"일 것이다.

내 의견에 대한 주관적 확신, 내 의견을 지지해주는 사람의 수, 집단 의견의 신뢰도, 반항 뒤에 따를 처벌의 강도 등 고려해야 할 변수의 숫자는 이루 헤아리기 어려울 정도로 다양하다. 안타깝게도 우리 뇌의 용량은 이 모든 변수들을 일일이 분석하고 계산해서 선택을 내리기에 턱없이 부족하다. 따라서 이전의 유사한 경험이 차곡차곡 누적되어 형성된 정보를 토대로 완벽하진 않지만 최선의 선택을 만들어내는 직관의 중요성이 커질 수밖에 없다. 바로 복내측 전전두피질의 기능이 요구되는 시점이다.

복내측 전전두피질이 손상된 환자의 경우, 상황에 따라 미묘하게 변화하는 요인들을 고려해서 적절한 사회적 행동을 하는 데 심각한 결함을 보이는 것으로 밝혀진 바 있다. 이른바 '분위기 파악'을 못하는 것이다. 예를 들어 이들은 실험자와 과거 경험에 대해 인터뷰하는 동안 자신이 배우자 몰래 바람피웠던 일이나 백화점 피팅룸에서 몰래 여자친구와 애정 행각을 벌이다 들킨 일을 털어놓는 등 정상인에 비해 지나치게 솔직한 행동을 보였다.[20] 뿐만 아니라, 실험자의 눈을 뚫어지게 노려보거나 공격적인 몸짓을 취하는 식의 '선을 넘는' 행동을 보이기도 했다.

사실 이들에게는 그 '선'이 보이지 않는다. 대부분의 사람들에게는 사회의 암묵적인 규범인 이 선이 너무나 뚜렷하게 보인다. 우리가 특별히 노력하지 않더라도 친구에게 모욕적인 말을 해야 할지 말아야 할지를 감으로 알 수 있는 이유는 바로 이 복내측 전전두피질의 기능 덕분이다. 그러나 직관적으로 사회 규범을 따르도록 도와주는 이 부위의 기능은, 우리가 집단의 의견에 지나칠 정도로 종속되는 동조 현상의 주범이 되기도 한다. 실제로 한 뇌 영상 연구 결과에 따르면, 우리가 선호하는 대상을 선택하는 도중 집단의 의견이 제시되는 시점에서 복내측 전전두피질의 활동이 증가했다. 아마도 이때 복내측 전전두피질에 저장된 사회 규범을 따르려는 직관적인 충동이 활성화되면서 자신의 의견을 고집할 것인지 집단의 의견을 따를 것인지를 고민하는 갈등 상황이 시작된다고 해석할 수 있다.[21]

권력 안에 안주하고 싶은 충동

생존이 걸린 위기 상황에서 한 번도 해보지 않은 새로운 선택을 시도하는 사람은 흔치 않다. 이보다는 이전 경험에 기초해서 위기를 모면할 가능성이 가장 높은 선택을 찾는 것이 무엇보다 중요할 수 있다. 복내측 전전두피질은 위급한 상황에서 이전에 성공했던 안정적이고 보수적인 선택의 가치에 우선권을 부여하는 기능을 담당하는 것으로 잘 알려져 있다.[22] 이러한 복내측 전전두피질의 보수적 가치 판단 기능은 사회적 상황에서는 새로운 관계를 탐색하기보다는 자신의 생존 가능성을 가장 안정적으로 보장해줄 수 있는 누군가에게 집착하도록 만들기도 한다.

복내측 전전두피질은 매력적인 얼굴을 볼 때 활성화된다는 사실이 보고된 바 있다.[23] 매력적인 사람은 대중의 인기를 쉽게 얻고, 대중의 인기를 얻는 사람은 권력이 생긴다. 매력적인 얼굴, 대중적 인기, 나아가 권력을 지닌 사람에게 물리적 · 심리적 자원을 집중할 때, 최소한의 노력으로 내 생존 가능성을 극대화할 수 있다는 뜻이다. SNS 유명 인플루언서나 스타 유튜버의 일거수일투족에 촉각을 곤두세우고, 그들의 행동을 따라 하는 것은 자신의 사회적 지위를 높이고 사회적 적응력을 높이는 데 유용하므로, 그들의 말과 행동은 중요한 나침반이 될 수 있다.

그렇다면 복내측 전전두피질은 자신보다 계급이 높은 사람에게 더 끌리고 이들에게 의존하려는 경향성과도 관련이 있을까? 이러한 질문에 답하기 위해 우리 연구실 김대은 연구원은 자신에게 상금을 배분해주는 권한을 가진 높은 계급 사람과 자신의 의견이 일치할 때 혹은 그렇지 않을 때, 다르게 반응하는 뇌 부위를 찾는 연구를 진행했다.

결과부터 말하자면 복내측 전전두피질은 높은 계급의 사람과 자신의 의견이 일치할 때에도 활동이 증가한다. 흥미롭게도, 낮은 계급 사람과 자신의 의견이 일치할 때는 복내측 전전두피질의 활동이 증가하지 않는다. 이처럼 특정 대상을 향해 나의 자원을 집중시키면 자연스럽게 이와 반대되는 대상에 대해서는 관심이 줄어든다.

심지어 혐오감마저 느낄 수 있다.

특히 생존에 위협을 느끼는 상황에서 우리 뇌는 생존 가능성을 높이기 위해 권력의 구심점에 가까워지려는 경향성이 강해진다. 권력을 가진 강자 혹은 다수 집단에게 다가가려 하고 그 반대인 약자 혹은 소수 집단으로부터는 멀어지려 한다. 이처럼 집단에 위기가 오면 너무나 자연스럽게 차별과 혐오가 증가한다.

과도한 인정 욕구가 불러오는 치명적 결과

타인의 비난에 지나치게 민감하거나 그것을 회피하려는 태도 역시 인정 욕구의 또 다른 발현일 수 있다. 그리고 이는 복내측 전전두피질의 가치 계산 과정에서 지나치게 한쪽으로 치우치는 편향을 일으킬 수 있다. 항상 타인의 의견을 수용하고 충돌 없이 잘 어울려야 하며 더불어 살아야 한다는 생각도 지나치면 인정 중독으로 발전할 수 있다. 이렇게 극단적인 인정 욕구는 결과적으로 자신과 타인 모두에게 불편함을 초래한다.

복내측 전전두피질이 손상되어 사회적 압력의 영향을 조절하는 능력을 상실한 경우가 아니더라도, 사회관계 속에서 타인으로부터 인정받고 싶은 욕구가 지나치게 강하면 유사한 행동 편향이 나타날 수 있다. 복내측 전전두피질이 선택을 위해 가치를 계산하는 과정에서 사회적 압력에 불응할 시 초래할 부정적 결과를 과도하게 추정할 경우 적절한 균형점을 찾는 데 실패하게 되고, 선택은 결국 사회적 압력을 따르는 방향으로 치우칠 수 있는 것이다.

사회적인 압력을 따르는 선택의 결과가 개인적인 차원에 한정된다면 사실 이 문제는 한 개인의 적응적 실패로 끝날 것이다. 하지만 타인으로부터 인정을 받으려는 개인의 욕구가 이보다 더 높은 차원에서 존재하는 사회적, 윤리적 가치와 상충하게 될 경우, 사회적 동조가 초래하는 부정적인 결과는 훨씬 더 커질 수 있다. 자신이 속한 팀 동료들의 실수를 감싸주려다가 결국 더 큰 사회적 부조리를 저질러 뉴스에 등장하는 경우가 그런 사례이다. 이것은 또한 부패한 권력 아래 내부 고발자를 기대하기 어려운 이유이기도 하다.

타인과의 관계에서 직관적이고 충동적으로 유발되는 과도한 인정 욕구는 자신의 선택이 초래할 결과가 사회에 어떤 영향을 미칠지 분석적이고 합리적으로 볼 수 없게 만들어 의도치 않게 비윤리적인 행동을 하게 만들기도 한다. 평범하고 성격 좋은 우리 주변 이웃들이 반인륜적이고 사악한 범죄 행위로 내몰리는 경우의 이면에는 이처럼 주변 사람들과 좋은 관계를 유지하기 위해 사회적 압력을 따르려 하는 인정 욕구가 자리 잡고 있는 것이다.

'선의의 거짓말'이라는 거짓말

흔히 내가 아닌 타인의 행복감을 높이기 위해 혹은 타인의 고통을 덜어주기 위해 행하는 비도덕적인 말과 행동은 용서받을 수 있고, 그래야 마땅하다고 말하곤 한다. 예를 들어 암을 진단받은 환자가 느낄 고통을 예측하고 이 고통을 최소화하기 위해 이 환자에게 진단명을 거짓으로 말하는 경우를 우리는 '선의의 거짓말'이라고 부른다. 하지만 회계 부정을 저지른 동료의 행위를 눈감아 주는 상황에 대해서는 어떻게 판단해야 할까? 선의의 거짓말이 용서받을 수 있는 범위는 어디까지일까?

우리 연구실 김주영 박사과정생이 최근 발표한 연구에 따르면, 선의의 거짓말 중 하나로 볼 수 있는 '파레토 거짓말'(타인뿐 아니라 나에게도 이익이 될 수 있는 거짓말)의 숨겨진 동기는 뇌 활동 패턴을 통해 드러난다.[24] 이 연구에서는 참가자들이 자신 혹은 낯선 타인이 듣게 될 불쾌한 소음을 줄여주기 위해 거짓을 말하도록 행동 과제를 부여했고, fMRI 기법을 통해 이들의 뇌 반응을 측정했다. 인공지능 알고리즘인 기계 학습machine learning 기법을 활용해 파레토 거짓말의 뇌 활동 패턴이 이기적 거짓말과 이타적 거짓말 중 어느 때의 뇌 활동 패턴과 유사한지 비교함으로써 파레토 그 숨은 동기를 분류한 것이다.

그 결과 파레토 거짓말의 이기적 동기가 클수록 복내측 전전두피질과 배내측 전전두피질의 활성화 수준이 모두 증가한 것을 관찰할 수 있었다. 그런데 두 부위에서 나타난 활동의 패턴을 좀 더 세밀히 관찰한 결과 흥미로운 차이를 발견할 수 있었다. 복내측 전전두피질의 활동 패턴은 이기적 거짓말과는 유사한 패턴을 보인 반면, 배내측 전전두피질에서의 활동 패턴은 이타적 거짓말과는 반대 패턴을 보였다. 이는 나와 남 모두에게 이익이 되는 선의의 거짓말에서 이기적 동기가 큰 사람일수록 이타적 동기와는 다른 외적 동기가 활성화되어 자신의 이익을 위한 내적 동기를 더 강화하는 것으로 해석될 수 있다. 그리고 이러한 내적 동기는 이 선의의 거짓말을 더 빠르고 쉽게 하도록 만드는 것으로 나타났다.

정도의 차이는 있겠지만 선의의 거짓말 뒤에는 이기적 동기가 숨어 있을 수 있다. 어떤 경우는 타인을 위한 거짓말을 통해 자신이 직접 금전적인 이득을 취할 수도 있다. 누군가의 비리를 덮어줌으로써 금전적 보상을 얻는 경우가 이에 해당한다. 이러한 경우는 그 동기가 명확히 드러나므로 쉽게 비난의 대상이 될 수 있다.

하지만 어떤 경우는 그 동기가 쉽게 드러나지 않는다. 금전적 문제가 아니더라도 동료의 비리를 폭로할 경우 자신과 그 사람 간의 관계가 파탄에 이를 수도 있으므로, 이를 원치 않을 수가 있다. 앞서 돈과 사회적 보상을 공통적으로 환산하는 복내측 전전두피질의 기능을 고려할 때 그 보상이 돈이건 관계이건, 선의의 거짓말을 하는 두 상황 간에는 거의 차이가 없다.

인정받고 싶은 욕망보다 더 강한 것이 있을까?

—— 자신이 얼마나 인정 중독인가를 체크하는 방법이 있다. 아주 간단하다. 스스로에게 이 질문 하나만 던져보면 된다. '나는 하루 몇 번, 어느 정도 강도로 타인에 대한 험담을 하는가?' 물론 많은 사람의 공분을 살 정도로 비윤리적 행동을 한 사람이나 자신에게 심각한 위해를 가한 사람을 비난한 것은 예외로 해야 한다. 하지만 위와 같은 상황이 아닌 경우에도 타인을 향한 험담을 일삼는 사람은 자신의 인정 욕구를 험담에 반영하는 경우가 많다.

타인을 향한 비난, 혹은 타인에 대한 질투와 시기심 등은 생존을 위협하는 대상이나 상황에서 비롯된 불안감을 해소하기 위한 자연스러운 적응 행동일지도 모른다. 이를테면 자신이 속한 집단에서 누군가를 소외시키는 행동은 근본적으로 그 집단 내에 자신의 입지를 강화하고 생존 가능성을 높이기 위한 본능적인 욕구에서 비롯될 수 있다. 자신보다 능력이 뛰어난 사람을 비난하는 질투심의 근원 역시 상대적으로 위축된 자신의 지위를 높이려는 적응적 행동으로 볼 수 있다. 나에게 특별히 해를 가한 적은 없지만 나보다 뛰어난 타인이 사고를 당한 경우, 나의 쾌감 중추인 측핵이 활성화된다는 연구 결과가 있다.[25] 다시 말해 나보다 뛰어난 타인은 그 자체로 나의 사회적 지위를 유지하는 데 위협이 될 수 있고, 나의 뇌는 이러한 위협을 제거하기 위한 강한 욕구를 만들어낼 수 있다는 것이다.

이른바 왕따로 일컬어지는 집단 따돌림은 사춘기 아이들에게 가장 흔하게 나타나는 심각한 사회 문제이다. 이 시기에 들어선 아이들이 공통적으로 보이는 특성이 무엇일까? 바로 타인, 특히 또래들로부터 인정받고 싶어 하는 욕구다. 이러한 욕구는 음주, 폭행 등 다양한 위험 추구 행동이 증가하는 현상의 주요 원인이기도 하다.

청소년들이 또래 집단에게 영향을 받아 위험한 행동을 하는 현상의 신경과학적 기제를 규명하고자 한 연구도 있다. 연구진은 청소년을 비롯해 다양한 연령대의 참가자들을 모집하여 fMRI 장비 내에서 일종의 자동차 운전 게임과 같은 가상 운전 과제를 수행하게 했다. 이 가상 운전 게임에서 참가자들은 시작점에서 출발해 최대한 빨리 직선 트랙의 목표점에 도달하도록 지시받았다.

다만 이 트랙에는 20개의 교차로가 있었는데, 각 교차로에서 참가자들은 브레이크를 밟아 정지하거나 혹은 위험을 감수하고 적색 신호를 무시하고 지나갈 수 있었다. 만약 정지하면 신호가 다시 바뀔 때까지 3초 정도 기다려야만 했다. 반대로 신호를 무시하고 직진한다면 기다림 없이 빠르게 통과할 수도 있지만, 다른 차량과 충돌이 발생한다면 6초 정도를 기다려야 하는 대가를 치러야 했다.

연구의 목적을 위해 한 조건에서는 참가자들이 혼자서 게임을 수행했고, 다른 조건에서는 자신과 비슷한 나이대의 다른 참가자들이 지켜보는 관찰 상황에서 게임을 수행했다.

예상했을지 모르겠지만, 청소년들만이 혼자 있을 때보다 또래들이 관찰할 때 훨씬 더 신호등을 무시하고 질주하는 위험한 결정을 했다. 청소년이 다른 연령대 사람보다 운전에 더 숙련돼서였을까? 절대 그렇지 않았다. 게임 결과, 청소년들은 혼자일 때보다 동료가 관찰할 때 충돌 횟수가 훨씬 더 많았다. 또래 앞에서 청소년들만 유독 위험을 무릅쓰고 무모한 결정을 했고, 더 부정적인 결과를 초래했다.

또래가 관찰할 때 청소년들이 더 위험한 결정을 내리는 이유를 뇌과학적으로 어떻게 설명할 수 있을까? 뇌 반응을 분석한 결과, 관찰 조건에서 청소년의 경우만 측핵과 복내측 전전두피질의 일부를 포함하는 보상 관련 뇌 영역이 더 큰 활성화를 보였다. 또 이 부위들의 활동 수준이 높을수록 관찰 조건에서 위험 행동을 보일 확률이 높아졌다. 청소년들은 아마 또래가 지켜보는 상황에서는 무사히 게임을 완수하기보다, 충돌 따위는 상관없이 더 빠르고 아슬아슬하게 목표에 도달하는 편이 더 멋져 보인다고 생각했을 수 있다. 그리고 증가한 측핵의 반응은 이러한 동기의 활성화를 반영한다.

물론 모든 청소년이 실제 운전 상황에서도 이런 행동을 보일 것이라고 단정 지을 수는 없다. 하지만 이 연구 결과는 약물 중독, 왕따 행동, 폭력 등 청소년에게 나타나는 다양한 일탈 행동을 설명하는 데 유용한 이론적 토대가 될 수 있다. 청소년의 일탈 행동이 급격하게 증가하는 이유는, 또래 집단에서 자신의 사회적 지위를 높이려는 욕구가 유난히 커지면서 발생하는 신경학적 가치체계의 급격한 변화 때문이라는 것이다.

이와 비슷하게 따돌림이나 험담을 하는 심리의 기저에는 공통적으로 타인에게 인정받지 못하는 상태 혹은 집단에서 소외되는 것을 두려워하는 불안감이 있다. 그리고 이러한 불안감을 해소해주는 정보는 강한 쾌감을 줄 수 있다. 이에 대한 증거로, 유명 인사의 부정적 사생활에 대한 가십gossip 기사를 접할 때 사람들의 뇌에서 쾌감 중추인 측핵이 활성화되었다.[26] 이처럼 나의 불안을 해소해줄 수 있는 정보를 내 주변 다른 사람들도 알게 된다면 나의 불안감은 한결 더 줄어들 것이다. 가십이 전달되고 험담이 퍼지는 현상의 심리학적 이유다. 불안감은 경험이나 상황적 요인들에 의해 변화할 수 있으며, 이에 따라 타인을 비난하고자 하는 행동의 동기는 감소하기도 하고 증가하기도 한다. 개개인이 소외감을 강하게 느끼고 인정받으려는 욕구를 강하게 느끼는 집단일수록 집단 따돌림이나 험담의 빈도는 더 잦아지고, 그 강도 역시 더 강하게 나타날 수 있다.

주로 타인과의 관계에서 느끼는 수치심과 죄책감 등의 감정은 때로는 물리적 고통이 주는 괴로움보다 크다. 이러한 감정들은 주로 자신의 상태에 대한 인식을 수반한다는 점에서 자기 의식적 감정self-conscious emotion이라 불린다. 주변 사람들에게 기대만큼 충분히 인정받지 못할 때, 이를 회복하기 위해 더 노력하도록 만든다는 점에서 자기 의식적 감정은 생존에 유리할 수 있다.[27]

하지만 수치심과 죄책감은 한 개인을 파멸로 이끌기도 하고 때로는 주변 사람들에게 심각한 피해를 주기도 한다. 수치심과 죄책감에 순응하여 자신이 바뀌고자 할 때는 우울감으로 이어질 수 있고, 이에 반발하여 타인을 변화시키고자 할 때 공격적인 자기방어 행동이 나타날 수 있기 때문이다. 결과가 어떻든 이는 모두 나름대로 위기 상황에서 생존 확률을 높이고자 치열하게 노력한 결과물들이다.

우리 연구실 출신 윤이현 박사는 최근 초등학생부터 대학생에 이르기까지 다양한 연령대의 참가자를 대상으로 자기방어 행동에 관한 연구를 내놓았다. 이 연구에서 초등학생과 중학생들은 자신이 만든 작품의 창의성을 부정적으로 평가한 타인의 작품을 똑같이 부정적으로 평가하는 경향성을 보였다.[28] 타인의 부정적 평가로 유발된 수치심이 공격적 자기방어 행동으로 표출된 경우라 할 수 있다. 그리고 이런 행동은 복내측 전전두피질 활동의 증가와 관련되었다.

그런데 이 연구에서 특히 흥미로운 부분은 좀 더 성숙한 대학생들의 반응이었다. 이들은 초등학생이나 중학생들과 달리 자기 작품을 부정적으로 평가한 타인에게 즉각적으로 반응하지 않았다. 대신 자신에 대한 이전 평가자들의 부정적인 평가가 누적될수록 이 평가들과 무관하지만, 방금 전 나를 평가한 또 다른 사람의 창의성을 깎아내리는 경향성을 보였다.

얼핏 봐서는 이해하기 어려운 행동이다. 그렇지만 세밀히 들여다보면 이 행동은 매우 영리하다. 타인의 부정적 평가에 바로 부정적으로 맞서는 치졸함에서 벗어날 수 있는 데다, 나의 상대적 지위를 높일 수 있는 정교하면서도 전략적인 자기방어 행동이기 때문이다.

자기방어 행동은 종종 나뿐 아니라 내가 속한 집단으로까지 영역이 확장된다. 한 예시로 복내측 전전두피질은 자신과 유사한 사람을 보거나,[29] 경쟁적인 타 집단에 대해 공격적인 행동을 보일 때 더 활성화된다.[30] 내가 속한 집단의 우월함을 증명하려 타 집단을 비방하고 공격하는 행동은 과도한 인정 욕구의 발현으로 설명할 수 있다. 이처럼 사회를 병들게 하는 다양한 형태의 집단 간 갈등의 이면에는 우리 사고와 행동을 왜곡하는 인정 욕구를 찾아볼 수 있다.

타인의 부정적 평가에 대한 자기방어 행동 역시 신체 항상성의 불균형을 미리 예측하고 방지하기 위해 뇌와 신체가 서로 상호작용하며 외부 신호를 활용하는 알로스테시스Allostasis 조절 과정으로 볼 수 있다. 다시 말해 타인의 평가는 항상성의 균형을 깨뜨리는, 즉 스트레스를 유발하는 외부 자극이다. 그리고 자기방어 행동은 이런 외부 자극에 대항해 항상성을 유지하려는 뇌의 적응적 노력이자, 우리가 일생 동안 정교하게 다듬어온 전략적인 신체 항상성 조절 기제의 결과다.

타인의 부정적 평가에 의해 일시적으로 유발된 항상성의 불균형은 비교적 쉽게 회복될 수 있지만, 반복되거나 그 수위가 높으면 다시 균형 상태로 돌아가기가 쉽지 않다. 이런 상태가 지속되면 타인의 사소한 부정적 평가에도 과도하게 공격적으로 대응하는 극단적인 자기방어적 태도를 보일 수 있으며, 이는 흔히 말하는 자존감이 낮아진 상태에 해당한다.

예를 들어 나를 돋보이거나 다른 이로부터 인정받고 싶어 누군가를 비난한 경우를 생각해보자. 무고한 사람을 비난했다는 생각에 죄책감을 느끼면, 이로부터 도망치기 위해 다시 자신의 비난을 정당화하려는 거짓말이나 합리화로 이어질 수 있다. 이처럼 항상성의 불균형이 발생한 원인을 정확히 인식하고 이를 해소하지 못하면, 자기방어 행동은 항상성을 더 악화시키는 방향으로 발달한다. 결과적으로 불균형은 점점 더 심화된다.

만약 당신이 타인을 비난하고 싶거나 험담하고 싶다면 이러한 욕구의 근원에 자신의 인정 욕구가 있지는 않은지를 점검하고 인식할 필요가 있다. 정신 건강뿐 아니라 원활한 사회관계 유지를 위해서도 이런 노력은 필요하다.

긍정적인 사회적 행동을 하게 하는 원동력

흔히 '평판'이라고 하면 부정적인 의미부터 떠올리곤 한다. 그래서 평판에 민감한 사람은 기회주의적이고 솔직하지 못하며 타인의 시선으로부터 자유롭지 못한 나약한 인간으로 여겨지기도 한다. 하지만 우리 뇌 속의 평판 관리 기제를 적절한 수준에서 사용한다면 긍정적인 사회적 행동을 가능케 하는 원동력으로 삼을 수 있다. 심리학 역사를 통틀어서 가장 뛰어난 통찰력을 가졌던 심리학자로 손꼽히는 윌리엄 제임스William James는 이미 100년도 훨씬 전에 이러한 측면을 강조하며 "인간 본성의 가장 근원적인 원리는 바로 인정받고자 하는 욕구"라 주장한 바 있다.

하버드대학교의 조슈아 그린Joshua Greene 교수는 저서인 《옳고 그름Moral Tribe》에서 인간의 도덕성에 대해 이렇게 이야기했다. 도덕성은 기본적인 생존과 번식의 욕구에서 기인하며, 자신이 속한 집단의 구성원들과 협력하고 타 집단을 처벌하려는 내 집단 우선주의로부터 비롯된다는 것이다. 그렇다면 인간은 자신이 속한 집단 구성원들과의 협력을 어떻게 중요한 가치로 학습했을까? 어떻게 복잡한 사회적 가치를 진화적으로 발전시켜올 수 있었을까?

사회 유지를 위해 필수적인 가치들을 그대로 후속 세대에게 물려주는 일은 거의 불가능에 가깝다. 그렇다면 이러한 거대한 양의 복잡한 사회적 가치 가운데서도 빠르게 학습할 수 있으면서 가장 핵심적인 것만을 전달하는 방법을 택해 충분히 그 목적을 달성했으리라 추론할 수 있다. 이 핵심은 과연 무엇일까? 바로 여기에 인간들이 사회적 가치를 진화적으로 발달시켜온 중요한 열쇠가 있다.

최근 여러 연구에 따르면 사회화가 이루어지기 훨씬 전인 유아들에게서도 도덕적·이타적 가치를 추구하는 성향이 관찰된다고 한다. 이러한 결과들은 인간이 본격적으로 사회적 가치들을 학습하기 훨씬 전부터 타인의 감정을 구분하고 타인의 호감을 보상으로 환산할 수 있는 가치 계산 기제를 사용하는 증거로 볼 수 있다. 어쩌면 이러한 기본적이지만 핵심적인 사회적 가치 계산 기제는 특별한 사회화 과정을 거치지 않고도 거의 자동적으로 사용되도록 우리 뇌에 유전적으로 프로그래밍되어 있는지도 모른다.

가치 계산 기제는 출생 직후부터 엄청난 양의 복잡한 사회적 가치들을 빠르게 흡수한다. 그리고 마치 안내자처럼 사회를 유지하는 구성원으로 성장할 수 있도록 도와주는 역할을 한다. 이 관점에서 볼 때, 인정 욕구 혹은 기본적으로 타인의 호감을 얻으려는 욕구는 인간의 거의 모든 사회적 행동, 그리고 인간이 추구하는 거의 모든 사회적 가치의 밑바탕에 자리 잡고 있다고 봐야 한다. 사실 이러한 욕구야말로 인간이 다른 동물과 구분되는 가장 큰 차이가 아닐까?

인정 욕구가 확장되어 나아갈 수 있는 방향은 거의 무궁무진하다. 우리가 인정 욕구의 실체를 정확히 인식하고 적절한 방향으로 조율해나갈 능력을 갖출 때, 이 욕구는 비로소 거대한 추진력을 제공해줄 수 있다. 다음 장에서는 인간의 이타성을 만들어내는 데 인정 욕구가 어떠한 기여를 할 수 있으며, 이러한 인정 욕구는 어디서 비롯되는지에 대해 좀 더 자세히 알아보도록 하자.

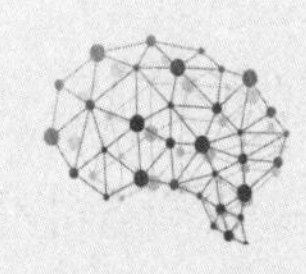

뇌과학 talk talk 4

개인이 선호하는 것, 집단이 선호하는 것

'초정상 자극supernormal stimulus'이라는 생물학 용어를 들어본 적 있는가? 뻐꾸기 알을 떠맡은 뱁새가 자신의 알보다 훨씬 더 크고 밝게 빛나는 뻐꾸기 알을 품기를 더 좋아하는 것, 어미 부리 위의 붉은 점을 쪼며 먹이를 조르는 바다갈매기 새끼가 붉은 점이 세 개 찍힌 막대기를 실제 부리보다 더 열심히 쪼아대는 행동을 보이는 것 등이 초정상 자극의 예이다. 이런 현상은 인간에게서도 나타난다. 여성들이 이상적인 연인의 모습을 극대화시킨 드라마 속 남자 주인공에게 끌리는 것, 남성들이 성형 수술과 화장 등을 통해 성적 신호를 극대화시킨 여성에게 빠지는 것이 그 흔한 예이다.[31]

우리가 원하는 정보를 선택하기 위해 범주화와 추상화 과정을 반복하면서 우리 내면에는 '선호의 형판template'이란 것이 생겨난다. 자신이 선호하는 대상에 대한 이상형이 생기는 것이다. 이 형판은 마치 초정상 자극처럼 실제 존재하는 자극과는 다소 동떨어진 정보들을 담고 있기 때문에 일상에서 쉽게 활성화되지는 않는다. 하지만 일단 활성화되면 강력하고 본능적인 보상 추구 행동을 일으킨다.

복내측 전전두피질과 측핵의 선호 차이

그렇다면 초정상 자극의 존재를 뇌과학적으로 증명할 수 있을까? 이에 대한 실마리를 제공하는 fMRI 연구 결과가 있다.[32] 이 연구에서 참가자들은 한 쌍으로 제시되는 두 얼굴 중에서 더 선호하는 얼굴을 선택했다. 그리고 참가자들이 선택을 하는 동안에는 뇌 영상 장비를 사용해서 그들의 뇌 활동을 측정했다. 뇌 영상 자료 분석 결과, 두 얼굴 중 더 선호하는 얼굴을 볼 때 뇌 부위 두 군데에서 활발한 활동이 관찰되었다. 그 두 군데는 바로 측핵과 복내측 전전두피질이었다. 그런데 측핵과 복내측 전전두피질에서 공통적으로 선호 판단을 예측하긴 하지만 이 둘 사이에는 두 가지 중요한 차이점이 있었다.

첫째, 측핵은 얼굴 사진들이 처음 나타난 순간 거의 반사적으로 선호하는 얼굴에 대해 반응했지만 실제 선택하기 위해 버튼을 누를 때에는 그 반응이 사라졌다. 복내측 전전두피질의 활동은 이와 전혀 반대되는 양상을 보였는데, 처음 사진이 나타난 순간에는 반응하지 않았고 조금 뒤 선택하는 순간에 비로소 그 반응이 관찰되었다. 다시 말해서, 측핵은 처음 얼굴을 보자마자 순간적으로 선호하는 대상에 반응하지만, 이 신호는 곧 복내측 전전두피질로 전달되고 이곳에서 최종 선택을 위한 가치 정보로 변환된 것이다.

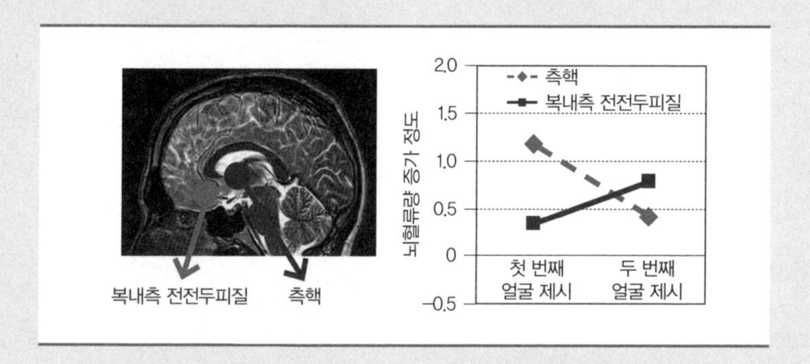

두 번째 차이는 좀 더 흥미롭다. 복내측 전전두피질의 활동은 자신의 개인적인 선호와 연관성을 보였던 반면, 측핵의 활동은 자신의 선호보다는 전체 참가자들이 선호하는 대상에 더 높은 반응을 보인 것이다. 다시 말해 측핵의 반응은 많은 사람들이 공유하는 평균 가치에 더 크게 반응한 것이다. 측핵이 자기 자신의 선택보다 집단이 공유하는 선호를 예측한다는 사실은 앞서 언급된 초정상 자극 현상을 설명해줄 수 있다. 어쩌면 우리 뇌의 측핵은 선택 직전 의식하지 못하는 사이에 순간적으로 많은 사람들이 공유하고 있는 추상화를 통해 내재화된 선호를 감지하고 이에 반응하는 것인지도 모른다.

혹시 측핵이 탐지하는, 대부분이 공유하고 있는 본능적인 선호 정보는 최종 선택을 내리는 과정에서 여러 다른 정보들과 뒤섞여서 우리가 알아차리지 못하도록 희석되어버리는 것이 아닐까?

'아라비안 배블러'라는 새가 있다. 이들은 스스로의 안전을 위하기보다 가장 높은 나무에서 포식자가 접근하는 것을 알려주는 새가 무리의 리더가 될 수 있고 더 높은 번식의 기회도 얻을 수 있다. 그렇다면 인간은 어떨까? 인간은 왜 이타적인 행동을 할까? 인간의 경우에도 여러 실험 결과를 살펴보면 이타적 행동이 장기적으로 더 높은 이득을 주는 전략이 된다.

그런데 여기서 의문이 생긴다. 이타적 행동이 정말 뇌의 생존 전략이라면 낯선 사람을 구하기 위해 자신을 희생한 사람들의 경우는 어떻게 생각해야 하는 걸까? 순수하게 타인을 위한 이타적 동기의 발로로 해석하는 것이 맞을까? 혹시 생존에 유리한 이타적 행동 전략 등이 오랜 경험을 거쳐 자동화 과정을 거치는 것은 아닐까?

2부

그 사람은 왜 착한 일을 할까?

A Journey into the Secret of Altruist's Brain

3장

선량한 선택의 이면에 대하여

인간의 이타성에 대한 새로운 해석

——— 인간의 뇌는 약 1000억 개의 신경세포들로 구성된다. 하나의 신경세포가 평균 약 1000개의 시냅스를 가지고 신경회로망을 이룬다는 점을 고려하면 천문학적 수준의 정보 조합도 가능하다. 이처럼 인간의 뇌는 놀라울 정도로 방대한 정보의 저장과 처리가 가능하지만 거의 무한에 가까운 세상의 정보들 앞에 놓일 때는 너무나 보잘것없는 존재가 되고 만다. 하지만 생존을 위해 우리 뇌는 최대한 정보를 수집하고 이를 활용할 수 있는 형태로 잘 변형해야 한다. 그래서 뇌는 자연스럽게 세상의 정보들을 덩어리로 묶어서 분류하게 된다. 또한 정보들을 변형하기 위해 필연적으로 요구되는 '기준'을 정하는 시점에서 우리 뇌는 자연스럽게 '자기중심적egocentric' 기준으로 세상을 바라보게 된다.

자기중심적 기준으로 세상을 보는 일은 복잡하거나 어려울 것이 없다. 환경 속에서 마주치는 정보들을 자신의 생존과 번식에 유리한 정보, 불리한 정보로 나누기만 하면 된다. 이렇게 자기중심적 기준으로 세상의 정보들을 분류하는 과정을 통해 우리는 정보에 가치를 부여한다. 이러한 가치 판단 과정은 세상의 정보들을 객관적으로 바라보기 어렵게 만드는 주요 원인이 된다. 이렇게 삶의 초기 단계에 자기중심적인 기준으로 만들어진 가치들은 사회화 과정을 거치며 내가 아닌 다른 사람이 만든 가치들과 충돌하게 되고, 이 과정에서 점차 수정되어 간다.

사회관계를 통해 다듬어진 가치들이 사회적 가치라 할 수 있으며, 윤리적 가치는 이러한 사회적 가치들 중에서 가장 중심에 있다. 이러한 관점에서 볼 때 윤리적 가치는 태생적으로 자기중심적 가치에 그 뿌리를 두고 있다. 윤리적 가치들이 대부분 좋음(올바름)과 나쁨(잘못됨)이라는 이분법에 따라 갈라지는 이유 역시 여기에 있다.

인간의 사회적 행동에 부여되는 윤리적 가치는 사회적 행동을 좋고 나쁨에 따라 구분하게 만들고, 그 행동 자체를 온전히 바라보지 못하게 할 수 있다. 대표적인 예로 이타적·친사회적 행동은 좋은 것이고 이기적인 행동은 나쁜 것이라는 이분법적 가치 판단을 들 수 있다. 사회적 행동들을 이렇게 이분법적으로 바라보는 관점은 그 행동을 유발한 상황이나 원인을 객관적으로 보지 못하게 한다.

우리는 이분법적 분류 기준에서 벗어나 가치 판단을 배제한 상태에서 인간의 이기적·이타적 행동의 개인차와 상황적 요인을 살펴볼 필요가 있다. 그리고 보다 객관적인 시각에서 바라보고 이해하도록 도와주는 뇌과학을 참고해볼 만하다. 이번 장에서는 인간의 도덕성과 이타성을 어떻게 뇌과학적으로 설명할 수 있는지 최신 연구 결과들을 토대로 알아보고자 한다. 그리고 뇌과학에 기반을 두고 인간의 이타성을 새롭게 해석할 때 우리의 상식들이 어떻게 바뀔 수 있을지 살펴볼 것이다.

트롤리 딜레마가 우리에게 묻는 것

2000년 한 소아기호증 환자가 아동 포르노를 수집하고 의붓딸을 성추행하려 시도한 혐의로 체포되었다. 그런데 조사 중 극심한 두통이 나타나 검사를 받은 결과, 뇌의 전전두피질, 특히 복내측 전전두피질을 포함한 부위에서 커다란 암세포가 발견되었다. 더욱 놀랍게도 그가 암세포 제거 수술을 받고 회복한 이후에는 소아기호 증세가 거의 사라졌다. 수개월 간의 재활 프로그램을 마치고 귀가한 이 환자는 정상적인 삶을 살았지만, 몇 개월 뒤 다시 두통과 아동 포르노 수집 증세를 보이기 시작했다. 뇌를 재검사한 결과 제거했던 암세포가 다시 자라 있었다.[33]

단일 환자의 사례이기는 하나 이는 복내측 전전두피질이 도덕적 행동에 미치는 영향을 극명하게 드러낸다. 복내측 전전두피질과 도덕적 판단 간의 관련성은 또다른 한 뇌 영상 연구를 통해 보다 명확하게 드러났는데, 이 연구는 신경윤리학이라는 새로운 뇌과학 분야의 시발점이 되었다. 이 연구에서는 '트롤리 딜레마'라는 이름으

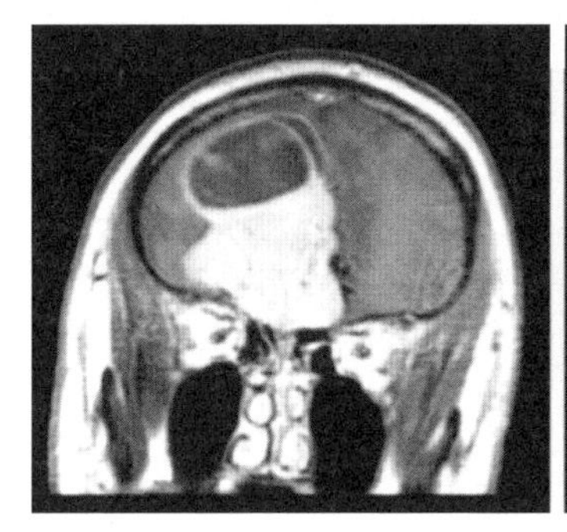
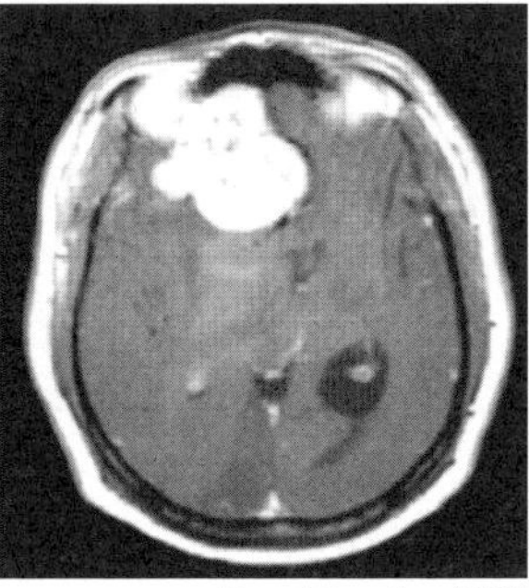

Burns & Swerdlow, (2003)

■ 소아기호증 환자의 복내측 전전두피질 부근에서 발견된 뇌종양. 뇌종양 제거 수술 후 소아기호증세가 거의 사라졌다.

로 잘 알려진 도덕 판단 과제를 사용했다.[34] 이 과제에서 실험 참가자는 한쪽에서 맹렬한 속도로 달려오는 트롤리를 목격한다. 그대로 지켜만 본다면 트롤리는 곧 선로 위에 있는 다섯 명의 인부들을 죽음으로 내몰 상황이다. 이 상황에서 참가자는 선로의 방향을 바꿀 수 있는 선택권을 갖게 된다. 하지만 선로를 바꿀 경우 다섯 명을 구하는 대신 다른 선로 위에 있는 한 명을 희생시키게 된다.

당신이라면 다섯 명을 구하기 위해 선로를 바꿀 것인가, 아니면 그대로 지켜보기만 할 것인가? 대부분의 참가자들은 트롤리의 방향을 바꾸는 선택을 내렸다. 다섯 명을 구하는 것이 한 명을 구하는 것보다 합리적이라고 생각하기 때문이다. 그다음에는 상황을 조금 바꿨다. 선로의 방향을 바꾸는 것이 아니라 참가자의 앞에 서 있는 커다란 체구의 사람을 선로로 밀어서 트롤리를 멈추고 다섯 명을 구할 수 있는 상황을 가정해보았다. 과연 당신은 앞에 있는 한 사람을 희생해 다섯 명을 구할 것인가?

논리적으로 생각해본다면 두 번째 과제는 첫 번째 과제와 유사하며, 여기서도 한 명을 희생시켜 다섯 명을 구하는 결정이 보다 적절하다고 판단할 수 있을 것이다. 하지만 대부분의 참가자들은 직접 사람을 밀어 죽음으로 내모는 행동에 대해 정서적으로 강한 거부감을 보였다. 그리고 첫 번째 과제에 비해 두 번째 과제를 결정하는 동안에는 복내측 전전두피질의 활동이 더욱 높게 나타났다.

이러한 거부감의 원인은 복내측 전전두피질 때문이었을까? 뇌 영상 연구의 단점 중 하나는 인과관계를 파악하기 어렵다는 점이다. 다시 말해 어떤 행동을 하는 동안 특정 부위의 활동이 증가했다고 해서 그 부위의 활동이 해당 행동의 원인이라고 말할 수 없다는 것이다. 그렇다면 인과관계를 알아볼 수 있는 방법이 있을까? 간단한 방법으로는 복내측 전전두피질이 손상된 환자들의 행동을 관찰해보는 것이다. 과연 이들은 자신 앞에 서 있는 사람을 밀어 트롤리를 세우는 행동에 거부감을 보일까? 흥미롭게도, 복내측 전전두피질이 손상된 환자들은 앞에 있는 사람을 밀어 다섯 명을 구하는 합리적인(?) 선택을 하는 비율이 정상인들보다 훨씬 높은 비율을 보인다는 것이 관찰되었다.[35] 이러한 연구 결과들은 도덕적 판단에 있어서 논리적 추론보다는 정서적 직관이 더 중요할 수 있음을 시사한다. 다시 말해 한 명을 희생해 다섯 명을 구하는 것이 보다 합리적이라는 논리적 계산보다, 내 앞에 서 있는 누군가에게 치명적인 위해를 가해서는 안 된다는 거부감이 도덕적 판단에 더 중요한 영향을 미칠 수 있다는 것을 보여준다. 아울러 복내측 전전두피질은 이러한 도덕적 가치 판단에 필수적인 정서적 직관이 저장되어 있는 부위임을 알 수 있다.

남을 돕는 행동의 근원적인 동기

복내측 전전두피질은 도덕적 가치뿐 아니라 상대적으로 더 복잡한 형평성이라는 사회적 가치를 판단하는 과정과도 관련되어 있다는 증거가 있다. 한 연구에서는 두 명의 피험자가 한 쌍을 이루어 과제를 수행했다. 연구진은 실험 전에 제비뽑기를 통해 이들 중 한 명은 50달러를 받고 다른 사람은 한 푼도 받지 못하도록 했다.[36] 이렇듯 실험 전에 의도적으로 각각 가진 자와 갖지 못한 자를 설정해 재산의 불균형 상태를 만든 후, 본 실험에서는 일정 금액을 두 명의 피험자들에게 번갈아 지급해주었다.

그 결과, 흥미롭게도 운 좋게 부자가 된 사람과 운 없이 빈자가 된 두 사람 모두 부자보다는 빈자에게 추가 금액이 전달될 때 더 높은 반응을 보이는 부위가 있었다. 바로 복내측 전전두피질이었다. 이 부위는 재산의 불균형이 줄어들 때는 반응이 증가하고 반대로 불균형이 커질 때는 반응이 감소하는 것으로 나타났다. 이는 '형평성에 대한 선호'와 같이 추상적이고 고차원적인 것으로 믿어온 사회적 가치 역시 복내측 전전두피질에서 계산되고 있음을 보여준다.

타인을 위한 선택의 가치는 자신을 위한 선택의 가치보다 당연히 항상 덜 익숙하고 덜 자동화되어 있을 수밖에 없다. 이에 대해서는 아마 많은 사람들이 동의할 것이다. 그렇다면 타인을 위한 선택을 할 때, 그리고 도덕적인 판단의 가치를 계산할 때에도 자신을 위한 선택의 가치 판단에 관여하는 복내측 전전두피질의 활동이 동일한 수준으로 활성화되는 상황은 어떻게 해석할 수 있을까? 이에 대한 답을 찾다 보면 자신의 금전적 이익을 무시하고 타인을 처벌하고자 하는 행동, 혹은 돕고자 하는 행동의 근원적인 동기에 대해서 좀 더 알 수 있게 될 것이다.

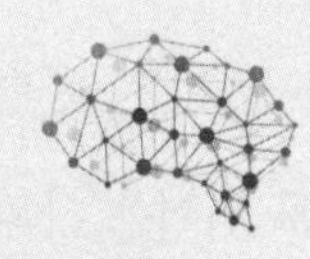

뇌과학 talk talk 5

정서와 선택을 연결하는 복내측 전전두피질

2012년 여름 끔찍한 사고를 당한 브라질 청년 노동자에 대한 신문 기사를 읽었다. 라이테라는 청년은 건설 현장에서 일하던 중 위에서 갑자기 떨어진 철근을 피하지 못해 철근이 뇌를 관통하는 치명상을 입었다. 철근은 전전두피질을 위에서부터 관통하여 양 눈 사이를 뚫고 나왔지만 라이테는 통증을 호소하지 않았을 뿐더러 의식 또한 또렷했다고 한다. 병원 관계자는 대부분의 인지 기능이 정상이었던 것으로 보아 "천만다행으로 철근이 크게 중요한 기능을 하지 않는 뇌 부분을 관통했다"라고 했다. 과연 그랬을까?

라이테의 이야기는 100여 년 전 거의 동일한 뇌 관통상을 입었던 철도 노동자 피니어스 게이지Phineas Gage의 사례를 떠올리게 한다. 피니어스 역시 사고 직후 의식이 또렷했고 대부분의 인지 기능이 정상인 것으로 나타났다. 하지만 그 후 피니어스를 지속적으로 관찰했던 의사와 주위 사람들의 증언에 따르면, 피니어스의 행동은 사회적인 규범을 크게 벗어나 매우 일탈적이고 비도덕적으로 변했다고 한다. 주위 사람들로부터 존경을 받던 따뜻한 성품을 찾아볼 수 없을 정도로 난폭하고 충동적인 성향으로 변했다는 것이다.

보상 혹은 처벌을 받고 난 뒤 뇌의 변화

피니어스가 다쳤던 부위는 다름 아닌 복내측 전전두피질이었다. 그의 사례는 100여 년이 지난 뒤에야 비로소 과학적인 연구들을 통해서 재조명되었고, 복내측 전전두피질이 의사결정을 위한 가치를 표상하는 데 중요하다는 사실도 밝혀졌다.[37] 이 연구에서는 간단한 도박 게임을 실시했다. 실험 참가자들은 앞에 놓인 네 개의 뒤집힌 카드 묶음 중 하나를 골라 한 번에 한 장씩 카드를 뽑았다. 모든 카드의 앞면에는 상금 혹은 벌금이 적혀 있었다. 네 개의 카드 묶음 중 두 개는 '나쁜' 묶음들이었다. 큰 상금과 함께 큰 벌금이 섞여 있어서 이 묶음으로부터 계속 카드를 선택하면 결국 돈을 많이 잃을 수밖에 없다. 반면 나머지 묶음 두 개는 '좋은' 묶음으로, 큰 상금의 카드는 없지만 벌금이 작아서 결국에는 이득을 볼 수 있었다.

정상인의 경우, 처음에는 나쁜 묶음에 끌렸지만 몇 차례 돈을 잃은 뒤 좋은 묶음으로 옮겨갔다. 하지만 복내측 전전두피질이 손상된 환자의 경우, 여러 차례 벌금을 고른 뒤에도 나쁜 묶음을 고집스럽게 선택했다. 그러나 상금이나 벌금을 확인하는 순간 이들이 보이는 생리적 반응은 정상인과 크게 다르지 않았다. 하지만 선택을 고려하는 순간에는 이 환자들에게서 정상인들이 보이는 생리적 반응이 관찰되지 않았다.

이러한 사실을 통해 우리는 무엇을 알 수 있을까? 어쩌면 복내측 전전두피질은 우리가 보상이나 처벌을 받은 뒤에 경험할 신체적 반응을 미리 시뮬레이션해본 뒤 이를 토대로 선택의 가치를 계산하는 것이 아닐까? 말하자면 복내측 전전두피질은 마치 신체라는 내부 세계와 환경이라는 외부 세계를 선택이라는 행위를 통해 연결하는 다리 역할을 담당하는 셈이다.

이타적인 행동은 직관적이고 충동적이다

——— 컴퓨터 화면에 두 개의 도형을 보여주고 버튼을 눌러 두 도형 중 하나를 선택하게 한다. 그리고 잠시 뒤에 포인트를 땄는지, 따지 못했는지를 알려준다. 두 도형 중 하나는 포인트를 딸 확률이 높은 것이고 다른 하나는 그 확률이 낮은 것이다. 포인트를 많이 딸수록 과제가 끝난 후 들어야 하는 고통스러운 소음을 줄일 수 있기 때문에 참가자들은 최대한 많은 포인트를 따기 위해 신중하게 선택해야 한다. 그런데 이 실험에는 참가자가 실험 전에 잠깐 얼굴을 본, 자신과 같은 운명에 처한 파트너를 위해서도 포인트를 딸 수 있는 조건이 있다. 과연 참가자들은 자신을 위한 조건과 파트너를 위한 조건 간에 어떤 차이를 보일까?

이는 우리 연구실 출신 부산대학교 설선혜 교수가 타인을 위한 선택의 가치를 계산하는 데 중요한 기능을 담당하고 있는 뇌 부위를 찾기 위해 진행한 실험이다.[38] 이 실험의 참가자들은 자신을 위한 조건에서는 포인트를 따기 위해 매우 빠른 속도로 최적의 선택을 학습했던 반면, 타인을 위한 조건에서는 학습 속도가 현저하게 낮았다. 그럼 참가자들의 뇌는 자신을 위한 조건과 타인을 위한 조건에서 어떠한 차이를 보였을까? 동일한 도형들에 대해 여러 번 반복적으로 선택을 하면서 참가자들의 정답을 맞힐 확률은 점차 증가했다. 그렇다면 선택의 가치를 학습해감에 따라 신호가 증가하는 뇌 부위가 있을 것이다.

설선혜 교수는 바로 그 부위가 어딘지 찾기 위해서 기능적 자기공명영상 기법을 이용했다. 그 결과 자신을 위한 조건에서는 이마 중심보다 아래쪽에 위치한 복내측 전전두피질의 활동이 증가했고, 타인을 위한 조건에서는 이마 중심에서 좀 더 윗부분에 위치한 '배내측 전전두피질dorsomedial prefrontal cortex'의 활동이 증가했다는 것을 발견했다. 자신과 타인을 위한 선택의 가치를 학습하는 뇌 영역이 구분되어 있었던 것이다. 주로 신체 내부로부터 신체 항상성의 불균형을 알리는 각 기관의 요구 신호에 반응하는 복내측 전전두피질과는 달리, 배내측 전전두피질은 주로 외부 감각 신호들을 토대로 가치를 계산하는 외적 가치 계산 기제로 알려져 있다. 흥미롭게도 이 부위는 타인의 의도나 신념 등을 이해하거나 추론하는 데 관여하는 것으로 알려진 바 있다.[39] 이 부위에 대해서는 뒤에서 좀 더 자세히 얘기해보도록 하자.

그런데 여기서 또 한 가지 흥미로운 점이 드러났다. 모든 참가자들이 이런 패턴을 보이지는 않은 것이다. 그리하여 이타적 성향에서의 개인차를 좀 더 뚜렷하게 살펴보기 위해 참가자를 두 부

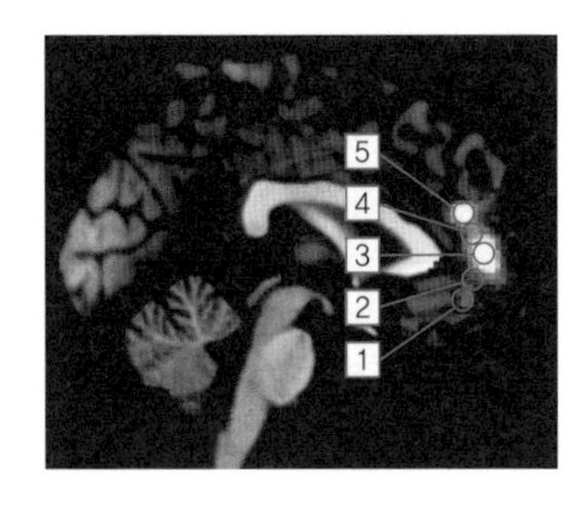

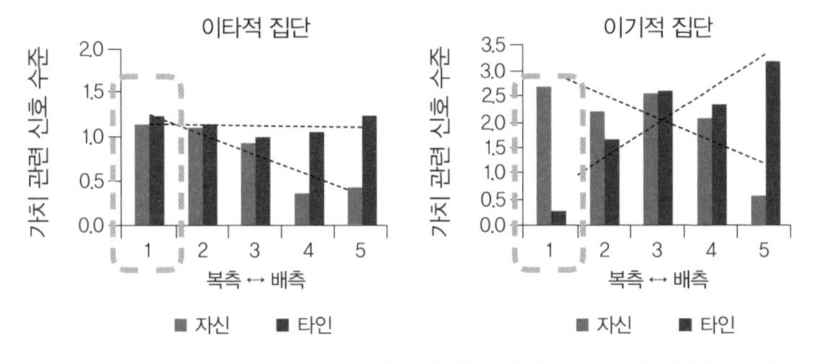

■ 이기적인 집단은 자신을 위해서만 복내측 전전두피질(점선으로 표시된 부분)을 사용하는 반면, 이타적인 집단은 자신과 타인 모두를 위해서 사용한다.

류, 즉 이기적 참가자들과 이타적 참가자들로 나누어서 결과를 확인해보았다. 개인차 분류를 위해서는 '사회적 가치 지향성social value orientation'을 측정하는 일종의 설문지 검사가 사용되었다. 이 검사 결과를 토대로 타인과 자원을 공유하려는 경향성이 높은 친사회적인 사람과 그렇지 않은 사람으로 구분한 뒤 두 집단 간 행동 결과와 뇌 영상 결과를 비교해보았다. 그 결과 이타적 참가자들은 자신을 위한 조건과 파트너를 위한 조건 모두 동등한 수준으로 학습하는 것을 알 수 있었다. 반면에 이기적 참가자들의 경우 자신을 위한 조건에서는 왕성한 학습 속도를 보였지만 파트너를 위한 조건에서는 학습이 거의 일어나지 않았다. 이 두 집단 간 차이는 어디서 비롯된 걸까? 만약 이들 간의 뇌 반응에서도 차이가 발견된다면 궁금증에 대한 실마리를 찾을 수 있을지도 모른다.

예상한 대로 이 두 집단이 자신 혹은 타인을 위한 선택을 학습하는 동안 뇌 반응에서도 뚜렷한 차이가 관찰되었다. 이기적 집단은 자신을 위한 선택에서는 복내측 전전두피질, 타인을 위한 선택에서는 배내측 전전두피질을 사용하였다. 선택의 수혜자가 누군지에 따라 사용하는 뇌 부위가 명확히 구분된 것이다. 반면에 이타적 집단은 두 뇌 부위를 사용하는 데 차이가 거의 없는 것으로 관찰되었다.

이기적으로 선택하는 뇌와 이타적으로 선택하는 뇌

위 연구 결과를 복내측 전전두피질과 배내측 전전두피질의 기능 차이를 토대로 해석해보자. 복내측 전전두피질은 주로 배고픔이나 포만 등과 같은 신체 신호를 토대로 내적 가치 계산을 담당하는 반면, 배내측 전전두피질은 주로 시각, 청각 정보와 같은 외부 환경으로부터 오는 감각 신호를 토대로 외적 가치 계산을 담당한다는 증거들이 밝혀지고 있다. 타인을 위한 선택에 배내측 전전두피질이 관여한 것은 타인이라는 외부 환경 정보에 기반한 가치 계산을 요구하기 때문으로 볼 수 있다. 그리고 이타적 사람들이 타인을 위한 선택에서도 복내측 전전두피질을 사용한 것은, 타인을 위한 선택 역시 궁극적으로는 생존이라는 내적 욕구를 충족하기 위한 전략적이고 도구적인 행동이 될 수 있다는 인식이 반복된 경험으로 내재화되었기 때문이라 해석할 수 있다.

즉 이타적인 사람이 자신과 타인 모두를 위해 사용하는 복내측 전전두피질이 배고픔이나 통증을 해소할 때 느끼는 만족감이나 쾌감과 관련된 곳이라는 점은 시사하는 바가 크다. 어쩌면 이들에게는 타인을 위한 선택 역시 자신을 위한 선택만큼 강한 보상감을 기대하게 하는 행동이 아닐까?

타인을 돕는 이타적 행동은 복잡한 사회관계 속에서 생존 확률을 높이기 위해 보다 우세하고 직관적인 가치로 강하게 우리 뇌 속에 각인되어온 자동화된 전략적 행동으로 볼 수 있다. 이러한 가치들은 친사회적 성향이 높은 사람들에게는 직관적으로 이타적 행동을 유발시키는 것으로 보인다. 이와 반대로, 이기적 사람들에게 타인을 돕는 선택의 가치 계산은 직관적이지 않다. 이들에게 이타적 선택은 외부 환경에서 오는 신호를 통합한 뒤 분석적인 가치 계산을 통해서만 가능하다.

우리는 대체 왜 이타적인 행동을 할까? 이미 지난 수세기 동안 많은 학자들을 괴롭혀온 이 단순한 질문은 비교적 최근에 이르러서야 과학자들의 관심을 끌기 시작했다. 그리고 연구 결과들을 통해 중요한 생물학적 증거를 찾을 수 있었다. 상식적으로 우리는 자기 중심적인 본능을 억누르는 통제 기제가 이타적 행동에 관여할 것으로 예상한다. 그러나 많은 증거들은 이타적이고 친사회적인 선택이 오히려 직관적이고 충동적인 기제를 통해 이루어질 수 있음을 시사한다.

그렇다면 과연 이타적인 가치는 어떻게 직관적 가치로 자리잡을 수 있는 것일까? 혹시 이타적인 가치 계산을 가능케 하는, 보다 더 근원적인 가치가 있는 것은 아닐까?

더 높은 보상을 얻기 위한 계산된 전략

이타적인 행동의 진화적인 이점을 알아보고자 한 흥미로운 연구가 하나 있다. 이 연구에 참가한 대학생들은 각각 세 명으로 이루어진 그룹으로 나뉘어 서로 경쟁하는 게임을 하도록 지시받았다.[40]

게임의 규칙은 이렇다. 팀에서 뽑힌 한 명이 물이 담긴 통 밑에 앉아 있고 같은 팀의 동료가 공을 던져 타깃을 맞히면 물이 담긴 통이 뒤집어지면서 그 아래 앉아 있는 동료가 물을 뒤집어쓰게 된다. 높은 점수를 얻는 팀에게 더 많은 상금이 주어지며, 이 상금은 팀 구성원들끼리 나누어 가질 수 있다. 여기서 중요한 점이 있다. 각 팀에서 선택된 한 명은 거의 항상 자신을 희생하는 역할을 맡아야 한다는 점이다.

실험이 끝난 뒤 참가자 모두를 대상으로 여러 질문을 해보았다. 그 결과 대부분이 각 팀에서 가장 높은 공헌을 한 사람으로 희생자 역할을 수행한 동료를 꼽았다. 뿐만 아니라 이 희생자 역할을 수행한 동료는 다른 동료들로부터 가장 높은 선호도와 가장 높은 배당

금을 받았으며, 다음 실험에서도 같은 팀 동료가 되고 싶은 사람으로 평가받았다.

간단해 보이는 이 실험은 이타적 행동의 심리적 동기를 이해하는 데 흥미로운 이론을 제시한다. 이 이론에 따르면, 이타적 행동은 장기적으로 볼 때 더 높은 이득을 주는 전략적 행동이 될 수 있다. 또한 위의 실험의 예에서 나타난 것처럼 이타적 행동은 타인으로부터 호감을 이끌어낼 수 있으며, 사회 구성원으로서 위치를 공고히 해줄 수 있는 것으로도 보인다. 이러한 점에서 이타적 행동은 자신의 능력과 이타적 성향을 과시하는 '값비싼 신호costly signal'가 될 수 있다. 또한 이런 비싼 신호를 사용한 개체일수록 더 높은 사회적 지위를 얻을 수 있다.

이러한 주장을 뒷받침하는 증거는 쉽게 찾아볼 수 있다. 예를 들어, 아라비안 배블러Arabian babbler라는 새가 있다. 이들의 경우 스스로의 안전을 위하기보다 가장 높은 나무에서 포식자가 접근하는 것을 알려주는 역할을 하는 새가 무리의 리더가 되며 더 많은 번식 기회도 얻을 수 있는 것으로 알려져 있다.[41] 또한 최대한 많은 양의 재산을 남들을 위해 바친 사람이 부족의 리더가 되는 풍습을 가진 크와키우틀kwakiutl 부족의 예 역시 값비싼 신호로서 이타적 행동 이론을 뒷받침한다.[42]

상대로부터 호감을 얻기 위한 경쟁

이타적 행동이 더 높은 사회적 지위라는 보상과 연결될 수 있다는 사실은 이타적 행동 뒤에 주어지는 제한된 보상을 두고 서로 경쟁이 일어날 수도 있음을 시사하기도 한다. 실제로 앞서 언급한 게임 실험에서 가장 흥미로운 부분이 하나 있다. 그것은 바로 세 명으로 구성된 팀들 중 남성 참가자가 두 명인 팀에서는 남성 참가자들 간에 서로 희생자가 되려는 경쟁이 있었다는 점이다. 이는 아마도 한 명의 여성 참가자로부터 상대적으로 높은 호감을 얻기 위한 경쟁이 아니었을까?

이타적 행동이 사회적 지위를 높이려는 동기와 연결될 때 경쟁 상대의 이타적 행동은 위협이 될 수 있고, 질투심이나 부러움의 대상이 될 수도 있다. 타인의 이타적 행동이 위협으로 느껴지는 정도가 심해질 때에는 오히려 이타적 행동을 처벌하는 반사회적 행동이 표출될 수도 있다. 제한된 자원을 나누어 가지는 경제학적 게임을 다양한 문화들 사이에서 비교한 연구에 의하면, 지나치게 타인을 배려하는 제안자의 이타적 행동을 오히려 처벌하는 행동이 관찰된 곳도 있었다. 이러한 '반사회적 처벌 행동antisocial punishment'은 거의 모든 문화에서 관찰되었으며 한국을 포함한 몇몇 문화에서 특히 두드러진 것으로 나타났다.[43] 이러한 연구 결과들을 종합해볼 때 다음과 같은 추론이 가능하다. 이타적인 행동은 자신이 속한 공동체의 타 구성원들에게서 호감과 관심을 얻어 사회적 지위를 높이고 생존 가능성을 높일 수 있는 계산된 전략적 행동일 수 있으며, 이를 통해 얻고자 하는 보상이 제한된 상황에서는 경쟁적인 다툼이 생길 수도 있다는 것이다.

그런데 여기서 의문이 생긴다. 예를 들어 일본의 한 기차역에서 낯선 사람을 구하기 위해 기차에 몸을 던져 자신을 희생한 이수현 씨의 경우를 생각해보자. 1초가 채 안 되는 짧은 시간 동안 과연 이수현 씨는 자신의 행동을 통해 얻게 될 사회적 평판이나 장기적인 관점에서 생존에 더 유리한 전략에 대해 생각할 겨를이 있었을까? 그렇다면 이수현 씨의 이타적 행동은 우리의 상식처럼 그야말로 순수하게 타인을 위한 이타적 동기의 발로로 해석하는 것이 맞을까? 아니면, 혹시 사회적 평판을 추구하는 동기나 생존에 유리한 이타적 행동 전략 등이 오랜 경험을 거쳐 자동화 과정을 거치는 것은 아닐까?

영웅적인 희생 행동의 숨겨진 이면

심리학자 멜리사 베이트슨Melissa Bateson은 2006년 매우 흥미로운 실험 결과를 발표했다. 실험에서는 사람들이 많이 다니는 곳에 무인 가판대를 설치하고 커피, 차, 우유 등을 판매했다. 그리고 판매되는 물건의 가격을 적어놓은 곳 바로 윗부분에는 그림이 그려진 배너를 올려놓았다. 배너의 그림은 매주 바뀌었는데 한 주는 눈eye 그림, 그리고 다른 주는 꽃 그림으로 바뀌도록 조작했다. 이와 같은 실험을 10주 동안 실시한 뒤에 총 수익금을 계산해본 결과, 흥미롭게도 꽃 그림이 놓여 있던 기간에 비해 눈 그림이 놓여 있던 기간 동안 걷힌 돈의 액수가 현저하게 높았다.[44]

이와 유사한 또 다른 연구에서는 한 슈퍼마켓의 계산대 옆에 기부금 상자를 준비해보았다. 한 조건에서는 기부금 상자 위에 눈 그림을 넣었고 다른 조건에서는 별 그림을 그려 넣었다. 그 결과, 이 실험에서도 눈 그림이 있던 경우에 훨씬 더 많은 돈이 모였다.[45]

이런 결과가 나타난 원인은 무엇일까? 어이없을 만큼 간단한 조작만으로 사람들의 도덕적 행동과 선행을 이끌어내는 것이 어떻게 가능했을까? 자동화된 평판 인식 능력을 고려한다면 이에 대한 한 가지 해석이 가능하다. 즉, 눈 그림은 사람들에게 무의식중에 타인의 시선을 받고 있다는 지각을 유발했다는 것이다. 이러한 무의식적 지각은 더욱 협력적이고 친사회적인 행동을 이끌어내는 데 자연스럽게 일조했다고 해석할 수 있다.

물론 무의식적 정보처리 과정은 개인적 그리고 상황적 변수들에 의해 크게 달라질 수도 있다. 실제로 좀 더 후에 발표된 후속 연구에서는 이처럼 인공적인 눈 이미지가 도덕적 행동에 영향을 미치는 효과를 찾는 데 실패한 것으로 나타났다. 하지만 자신이 관찰되고 있음을 좀 더 직접적으로 인식할 수 있는 경우에는 사회적으로 바람직한 친사회적 행동이 보다 뚜렷하게 증가하는 것으로 드러났다.[46]

머릿속에 자동으로 저장된 평판 관리 능력

타인의 관찰에 의해 자동적으로 촉발되는 도덕적 행동의 기저에는 어떤 뇌과학적 원리가 있을까? 이 흥미로운 질문에 답변하기 위해 편도체의 기능에 대해 좀 더 알아보도록 하자. 편도체는 우리 뇌에서 가장 대표적인 정서적 정보 처리 기제로 잘 알려져 있다. 이 부분은 타인의 눈에 매우 민감하게 반응한다. 이는 또한 20분의 1초라는, 의식적으로 지각하는 것이 불가능할 정도로 짧은 시간 동안 제시되는 타인의 겁에 질린 표정, 특히 둥그렇게 커진 눈 흰자위에 높게 반응하는 거의 유일한 뇌 구조인 것으로 밝혀졌다.[47] 편도체가 손상된 환자들은 타인의 얼굴을 관찰할 때 자발적으로 눈을 보지 않는다는 사실 또한 편도체의 독특한 기능을 강조하는 대목이다.[48] 아마도 편도체는 타인의 얼굴을 볼 때 무의식중에 반사적으로 그 사람의 눈으로 시선을 옮겨 그 눈으로부터 여러 정보를 얻도록 하는 기능을 담당하는 것으로 보인다.

흥미롭게도 편도체는 앞서 소개된 복내측 전전두피질과 기능적으로나 구조적으로 모두 강한 연결성을 가지고 있는 것으로 관찰되었다.[49] 타인의 시선과 같은 사회적 정보들은 편도체를 통해 자동적으로 빠르게 탐지되어 복내측 전전두피질로 전달되고, 복내측 전전두피질은 이 정보들과 지금까지 학습하고 저장해온 직관적 가치를 토대로 현재 상황에서 자신의 생존 가능성을 높이기 위해 가장 적절한 행동을 촉발한다. 그리고 이렇게 무의식중에 제시되는 사회적 자극들은 편도체를 통해 복내측 전전두피질로까지 전달되어 도덕적 판단이나 이타적 행동 등에 영향을 미치는 것으로 볼 수 있다.

또 한 가지 재밌는 사실은 다양한 사람과 사회관계를 맺고 타인과 강한 유대감을 형성하는 사람들이 평균적으로 편도체의 크기가 클 뿐 아니라,[50] 편도체와 복내측 전전두피질 간의 기능적 상호연결성이 훨씬 더 강하다는 것이다.[51] 이러한 뇌과학적 특성과 인간의 사회성 간 인과관계를 규명하는 일은 쉽지 않지만, 한 가지 유력한 가설은 다음과 같다. 타인과의 관계에서 발생하는 많은 갈등을 해소하면서 자신의 생존 가능성을 극대화하기 위해 노력하는 과정은 편도체와 복내측 전전두피질 간 긴밀한 소통을 요구하는 과정이 아닐까? 그리고 그 결과는 이 두 뇌 부위들 간 강한 연결성으로 나타날 수 있다. 이와 동일한 신경학적 회로가 이타적인 사람의 특성을 설명할 수 있을까? 생면부지의 타인에게 자신의 장기를 기증했던 사람들이 보통 사람에 비해 편도체의 크기가 더 크고, 이 부위가 타인의 얼굴에 반응하는 정도 또한 높다는 점은 시사하는 바가 크다.[52]

위의 연구들을 통해 알 수 있듯이, 평판을 의식하는 행동은 무의식중에 우리에게 노출되는 사소한 단서들에 의해서도 쉽게 유발될 수 있다. 이렇게 유발된 자동적 평판 인식은 의식적인 자각 없이 실제로 남을 돕는 행동에도 영향을 미칠 수 있다. 이러한 해석은 긴박한 상황에서 거의 자동적으로 이타적 행동을 보이는 영웅들의 행동을 설명하는 데에도 어느 정도 실마리가 된다. 하지만 여기서 또 다른 의문이 생긴다. 주저 없이 몸을 내던지는 이타적 행동들은 단지 자극에 대한 반사 행동에 불과한 것일까? 그렇다면 생존 가능성을 극대화하기 위해 학습된 이타적 행동이 어떻게 오히려 생존 가능성을 저하하는 자동적인 이타적 행동으로 발전하게 되는 걸까?

이렇게 반사 행동처럼 보이는 이타적 행동의 기제를 이해하기 위해서는 이타적 동기가 형성되고 발달하는 과정을 좀 더 깊이 들여다볼 필요가 있다.

뇌과학 talk talk 6

더 빠르고 정확하게 정보를 전달하는 뇌의 회로 설계 전략, 수초화

신경세포는 서로에게 전기 화학적 신호를 주고받으면서 정보를 교환한다. 신경세포가 주고받는 신호는 축색돌기라는 이름의 긴 관을 통해 전달된다. 전기 신호를 전달한다는 면에서 볼 때 축색돌기는 전선과 닮았으며, 실제로 전선과 매우 비슷한 속성들을 많이 지니고 있다. 전기 신호를 빠르고 안정적으로 전달하기 위해 전선이 피복으로 둘러싸여 있는 것처럼, 축색돌기 역시 '수초myelin sheath'라는 이름의 세포들로 둘러싸여 있다.

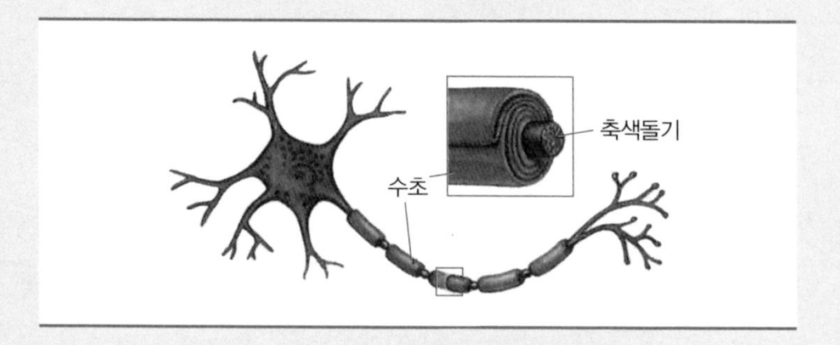

전선에서 피복이 벗겨지면 다른 전선들과 합선을 일으키거나 전기가 전달 과정에서 유실된다. 축색돌기에서도 수초가 손상될 경우 신경세포들이 신호를 전달하지 못하는 '다발성 경화증multiple sclerosis'이라는 질병이 일어난다.

진화적으로 볼 때 비교적 최근에 나타난 수초는 상당한 양의 에너지를 소모한다. 우리의 뇌는 이러한 과감한 투자를 통해 신속하고 빠른 정보 전달을 선택했다. 그리고 이러한 선택을 통해 궁극적으로 정보 전달을 위해 필요한 에너지를 획기적으로 절감할 수 있었다. 이는 열효율이 낮은 재래식 난방 시설을 가진 건축물에 과감한 설비 투자를 함으로써 효율성을 높여 오히려 난방비 절감을 얻게 되는 것에 비유할 수 있다.

수초화는 항상 긍정적인 역할만 할까?

뇌에서 축색돌기들이 수초화된 정도를 간접적으로 측정하는 뇌 영상 기법이 있다. 이 기법을 사용한 한 연구에 따르면, 전문 피아니스트들의 경우 뇌의 수초화 정도가 비전문가에 비해 훨씬 높은 것으로 나타났으며, 이 수초화 정도는 피아노 연습을 위해 보낸 시간에 비례한다고 한다.[53] 이뿐 아니다. 실제로 나이가 들면서 인지 능력이 떨어지는 주요 원인이 신경세포가 감소하기 때문이 아니라, 수초의 기능이 약해져서 신경세포의 정보 전달 능력이 저조해지기 때문이라는 증거들이 등장하고 있다. 이러한 결과들을 종합해볼 때, 신경세포의 수초는 우리의 경험에 따라 유동적으로 변화하는 뇌 구조라는 것을 알 수 있다. 그리고 이러한 뇌의 수초화를 통해 신경세포는 다른 신경세포들과 좀 더 신속하고 정확하게 정보를 주고받을 수 있는 것으로 보인다.[54]

그렇다면 뇌의 수초화는 뇌의 기능에 항상 긍정적인 역할만 할까? 신경세포들 간의 빠르고 정확한 정보 전달은 인간의 생존을 위해 항상 도움이 되기만 할까? 사실 이 질문에 대한 답변은 매우 간단하다. 주어진 상황에서 항상 빠르고 정확한 반응만이 정답이라면 그 선택은 당연히 생존을 위해 도움이 될 것이다. 하지만 우리가 선택을 하는 상황은 끊임없이 변화하고, 이전에는 정답이었던 선택이 미래에도 정답일 가능성은 매우 낮다. 상황의 변화에도 불구하고 과거의 정답을 계속 고집하는 것은 위험할 수 있으며 적응에 부적합한 생존 전략이 되지 않을까?

수초의 생성은 정보를 빠르고 정확하게 전달한다는 장점을 갖는다. 그러나 상황이 변화함에 따라 이전과는 다른 반응을 만들어내야 할 경우 오히려 적응을 방해할 수 있다는 단점도 있다. 특히 창의적으로 문제를 해결해야 할 때 사고의 유연성이 가장 요구되는데, 실제로 수초화 정도가 증가할수록 창의력 지수가 감소한다는 뇌 영상 연구 결과도 있다.[55]

타인이 나의 선택을 관찰할 때 고려하는 것들

—— 직관적으로 도덕적, 이타적 선택의 가치를 강하게 학습해온 사람도 사회에서 성장하다 보면 전략적으로 이기적인 선택의 가치들이 점차 자리 잡게 된다. 이러한 새로운 가치는 경험을 통해 더욱 정교해진다. 하지만 자신의 행동이 타인의 시선 앞에 놓이는 상황이 되면 자동화된 평판 관리 시스템이 활성화되고, 직관적인 이타적 선택의 가치 계산이 작동하기 시작한다. 앞서 복내측 전전두피질의 주요 기능 중에는 평판 관리 기능이 있다고 했다. 그렇다면 실제로 타인이 관찰하는 경우 복내측 전전두피질의 활동이 증가해 도덕적, 혹은 이타적 행동이 나타나게 될까?

우리 연구실 출신 정대현 박사는 이 질문의 답을 찾기 위한 연구를 진행했다. 컴퓨터 화면에 다양한 상품들을 제시하고 구매 의사를 물어보는 단순한 실험을 실시했는데, 상품들은 쿠키, 떡, 머핀 등 간단한 스낵 종류였다. 실험 참가자들은 상품이 제시될 때마다 상품 그림 바로 밑에 함께 제시되는 가격을 보고 구매 의사를 결정해야 했다. 그런데 실험 전에 참가자들은 이 상품들 중 절반은 사회적 기업에서 제조했고, 나머지 절반은 일반 기업에서 제조했다는 설명을 들었다. 또한 사회적 기업에서 제조한 상품의 수익금은 취약한 계층을 돕기 위한 기금으로 사용될 것이라는 정보도 들었다.

마지막으로 타인의 관찰이 구매 판단에 미치는 영향을 알아보기 위해서 참가자들 중 절반이 속한 관찰 집단에게는 실험 전에 한 가지 정보를 추가로 알려주었다. 컴퓨터 오작동 때문에 참가자의 반응을 자동으로 기록하는 기능에 문제가 발생해서 실험자들이 모니터를 보면서 바깥에서 수동으로 기록할 예정이라고 말이다. 통제 집단에게는 이러한 정보를 알려주지 않았다.

실험 결과, 예상대로 관찰 집단의 참가자들은 동일한 가격대에서 일반 기업 제품보다 사회적 기업 제품에 대해 훨씬 높은 구매 의사를 보였다. 사회적 기업 제품을 선호하는 정도가 관찰 집단에게서 더 뚜렷하게 드러난 것이다. 특히 가격이 너무 낮거나 높지 않은 애매한 중간 수준일 때 집단 간에 가장 큰 차이가 나타났다. 뇌 영상 자료 역시 예상과 일치하는 결과를 보였다. 일반 기업 제품에 비해 사회적 기업 제품을 구매할 때 복내측 전전두피질의 활동이 증가했고, 이러한 차이는 관찰 집단에서만 나타났다. 이는 복내측 전전두피질의 평판 관리 기능을 다시 한 번 확인할 수 있는 대목이다. 다시 말해 타인이 관찰하는 상황은 복내측 전전두피질의 이타적 가치를 활성화시켰고, 이로써 사회적 제품을 구매하려는 경향이 증가되었다고 볼 수 있다.

그렇다면 타인이 지켜볼 때 더 이타적이거나 도덕적으로 행동하게 되는 이유는 무엇일까? 이번엔 그 기저의 심리적 원인에 대해 좀 더 깊이 파고들어 가보도록 하자.

공리주의자를 선택할까 의무론자를 선택할까

2016년 〈마션The Martian〉이라는 공상과학 영화가 큰 인기를 끌었다. 나는 이 영화의 흥행성이나 오락성과는 별개로 윤리적 판단에 관한 흥미로운 주제에 눈길이 갔다. 화성에 홀로 남겨진 한 사람을 구출하기 위해 천문학적 규모의 예산이나 여러 우주비행사들의 희생까지도 감수해야 하는 상황이 앞서 소개한 '트롤리 딜레마' 상황과 너무나 유사했기 때문이다.

이 영화에서 가장 흥미로운 부분은, 주인공의 희생을 선택하는 사람들은 악인으로 묘사되고 주인공의 구출을 선택하는 사람들은 의인으로 묘사되는 부분이었다. 사실 소수의 약자를 위해 다수의 강자와 맞서 싸우는 사람이 영웅으로 묘사되는 드라마나 영화는 수없이 많다. 어쩌면 사람들은 일반적으로 공리주의자보다 의무론자를 더 선호하는 것은 아닐까? 그렇다면 다른 사람들에게서 긍정적인 평판을 얻고자 하거나 부정적인 평판을 피하고자 하는 동기는 윤리적 판단에 심각한 영향을 미칠 수 있다. 이러한 가설을 검증하기 위해 우리 연구실 출신 이민우 연구원은 몇 가지 실험을 진행했다.

첫 번째 실험에서는 실제로 의무론자가 공리주의자에 비해 더 긍정적인 사회적 평판을 얻는지를 확인해보았다.[56] 도덕적 딜레마 상황에서 의무론적 선택을 한 사람과 공리주의적 선택을 한 사람을 보여주고, 참가자들에게 두 사람의 성격적 특성을 평가해보도록 했다. 그 결과 공리주의자는 '유능함' 측면에서 높은 점수를 받은 반면, '따뜻함' 측면에서는 낮은 점수를 받았다. 하지만 의무론자는 따뜻하지만 유능하지는 않다는 정반대의 평가를 받았다.

더욱 중요한 부분은 실제 참가자들이 어떤 유형의 사람을 더 '선호'하는가에 대한 결과였다. 예상대로 참가자들은 공리주의자에 비해 의무론자를 훨씬 더 좋아하는 것으로 밝혀졌다. 〈마션〉을 통해 묘사된 것처럼 의무론자를 향한 선호 편향이 실험으로 검증된 것이다.

앞서 도덕적 딜레마 상황에서 의무론적 선택을 이끌어내는 데 복내측 전전두피질의 기능이 중요하다는 연구 결과를 소개한 바 있다. 이렇게 복내측 전전두피질이 평판 관리에 있어서도 중요한 기능을 담당한다는 사실을 고려해볼 때, 자신의 평판이 노출될 수 있는 타인이 관찰하는 상황에서는 상대적으로 의무론적 판단을 내리는 경향이 증가하지 않을까?

이 질문에 답하기 위해 두 번째 실험에서는 실제로 사람들의 도덕적 판단이 타인이 관찰하는 상황에서 편향되는지를 알아보았다. 우리는 앞서 소개된 실험들과 동일하게 관찰 집단과 통제 집단으로 구분하여 참가자들에게 다양한 도덕적 딜레마 시나리오들을 읽은 뒤 판단하도록 요구했다.

그 결과, 예상대로 통제 집단에 비해 관찰 집단의 참가자들이 의무론적 판단을 선택하는 경향이 증가했다. 또한 관찰 집단 참가자가 통제 집단 참가자에 비해 판단을 하는 데 훨씬 더 오랜 시간이 걸렸다. 평상시에는 쉽게 공리주의적 판단을 선택할 상황이라 하더라도 타인이 나의 선택을 관찰하게 되면 사람들은 대부분 의무론자를 더 선호한다는 사회적 평판을 의식하기 시작한다. 이때 활성화되는 평판 관리 기제 때문에 의무론적 판단으로 선택이 편향되는 것이다.

과연 이러한 평판을 고려한 행동의 편향은 의식적인 노력의 결과일까? 아니면 주변 평가를 의식하면 자기도 모르게 무의식중에 선택이 편향되는 걸까? 이러한 질문에 답하기 위해 같은 참가자들을 대상으로 언어 판단 과제lexical decision task라는 간단한 검사를 실시했다.

이 과제는 빠르게 제시되는 두 글자 단어들을 보고 실제 사용되는 단어인지 아니면 무의미한 글자들인지를 판단하는 검사다. 예를 들어 '온화'라는 단어를 보면 '단어'임을 알리는 버튼을 누르고, '요근'이라는 글자들을 보면 '비단어'임을 알리는 버튼을 누른다. 이 검사는 심리학자들이 어떤 사람의 무의식적 심리 상태를 알아보기 위해 종종 사용하는 방법이다. 이 과제를 수행하는 사람이 긍정적 감정을 느끼는 상태에 있다면, '짜증'이라는 단어보다 '기쁨'이라는 단어를 볼 때 더 빠르게 반응할 수 있다. 이처럼 단어를 판단하는 데 걸리는 반응 시간을 통해 그 사람의 심리적 상태가 어떤지를 추론할 수 있다. 물론 이렇게 측정된 결과가 실제로 그 사람의 '무의식'적 상태를 반영하는지에 대해서는 논란의 여지가 있지만, 고려할 만한 유용한 단서라는 점은 분명하다.

실제로 이 실험에서는 '따뜻함'과 관련된 단어(예를 들어 '온화'와 같은 단어들)들과 '유능함'과 관련된 단어(예를 들어 '냉철'과 같은 단어들)들을 제시했다. 이는 앞서 공리주의자를 유능한 사람으로, 그리고 의무론자를 따뜻한 사람으로 평가했다는 이전 연구 결과를 토대로 설계되었다.

실험 결과, 예상대로 관찰 집단에 속한 참가자들은 유능함과 관련된 단어보다 따뜻함과 관련된 단어들을 판단할 때 훨씬 더 빠르게 답한 것으로 나타났다. 그리고 이런 반응 시간의 차이는 통제 집단에서는 나타나지 않았다. 아마도 누군가 자신의 행동을 관찰하는 상황에서 도덕적 판단을 내려야 한다면 자신도 모르게 평판을 의식하게 될 수 있다. 그리고 이러한 의식은 자신의 따뜻함이라는 측면을 부각하고 유능함이라는 측면은 억누르려는 동기의 활성화로 이어지는 것으로 해석해볼 수 있다. 순간적으로 빠르게 지나가는 단어들을 보면서 매번 이러한 선택을 의식적이고 전략적으로 계산했을 가능성은 매우 낮다. 자신도 모르게 스스로를 좋은 사람으로 포장할 수 있는 선택의 가치를 부각해서 도덕적 판단의 방향이 편향되고 마는 것이다.

살아남기 위해 학습된 이타주의 행동

인간의 이타적 동기는 언제 처음으로 생겨나는 것일까? 이 질문에 대한 답은 인간의 이타적 행동이 자연스러운 동기에서 생긴 것인지, 사회화를 통해 얻게 된 것인지를 알려줄 수도 있다. 과연 사회화가 충분히 진행되지 않은 어린아이들도 이타적 행동을 보일 수 있을까? 어린아이들이 남을 돕는 행동을 하려면 이런 행동이 보상을 줄 수 있다는 사회적 학습이 선행되어야 하는 것일까?

최근에 진행된 발달 연구에 의하면 태어난 지 불과 14개월밖에 안 된 아기들조차 타인을 돕는 행동을 보인다고 한다.[57] 아기들의 이타적 행동은 외부의 물질적 보상이 아닌 순수한 내재적 보상 동기에 의해 이루어진 것일까? 어떤 행동이 내재적 보상 동기에 의해 나타난 것인지를 알아보는 방법이 있다. 아기가 그 행동을 하고 난 후, 돈이나 장난감 같은 외재적 보상을 준 뒤 행동의 횟수가 증가 혹은 감소하는지를 살펴보는 것이다.

만약 외재적 보상을 얻은 뒤에 행동 횟수가 감소한다면 그 행동은 내재적 보상에 의해 이루어진 것으로 볼 수 있다. 실제로 두 돌이 채 안 된 아기들에게 타인을 돕는 행동을 할 때마다 좋아하는 장난감(외재적 보상)을 주었을 경우, 오히려 도움 행동이 감소하는 현상이 관찰되었다. 그런데 흥미롭게도 외재적 보상으로 장난감 대신 언어적인 칭찬이 주어졌을 경우에는 도움 행동의 횟수가 감소하지 않았다.[58] 이 연구 결과는 해석의 혼란을 가중시킨다. 과연 칭찬은 내재적 보상인가, 아니면 외재적 보상인가? 칭찬은 분명 외부에서 온 정보지만 눈에 보이는 물질적 보상은 아니다. 어쩌면 애초에 물질적 보상 없이도 타인을 돕고 싶은 순수한 내재적 동기란 칭찬이 유발하는 보상과 긴밀하게 관련된 것은 아닐까?

이제 막 첫돌을 넘긴 아기들은 도움 행동과 보상 간의 관계를 파악하고 숙지할 만큼 충분한 사회적 학습 과정을 거쳤다고 보기 어렵다. 그렇다면 아기들은 어떻게 타인을 돕는 행동으로부터 내재적 보상을 얻을 수 있을까? 이타적인 행동은 과연 인간의 본능으로 보아야 하는 걸까? 아이가 이타적 행동을 통해 보상을 얻는 학습 과정은 성인과는 전혀 다른 과정을 통해 이루어질 수 있다. 아직 언어 소통 능력이 부족하고 추상적 사고가 어려운 어린아이들은 좀 더 직접적이고 비언어적인 단서들을 사회적 보상으로 볼 수 있다. 가장 대표적인 예가 바로 얼굴 표정이다.

아기들은 첫돌이 지나기 전에 이미 타인의 얼굴에서 긍정적인 표정과 부정적인 표정을 정확히 구분해서 인식하는 능력을 갖춘다. 초기 발달 단계부터 타인에게서 여러 비언어적 단서들을 전달받으면서 자신의 행동이 이끌어내는 사회적 보상을 인식할 수 있는 것이다. 또한 이러한 과정을 통해 어린아이들도 타인의 긍정적인 반응을 이끌어 낼 수 있는 친사회적 행동을 학습하고 내재화해나간다.

그러나 아기에게 엄마의 얼굴 표정을 구분할 능력이 있더라도 이 표정이 실제로 아기의 행동을 변화시킬 수 없다면 아무 소용없을 것이다. 엄마의 표정이 정말 아기의 행동에 영향을 줄 수 있을까? 이를 뒷받침하는 연구 결과는 적지 않다. 한 실험에서는 생후 12개월 정도의 아기들에게 새로운 장난감을 보여주었다. 이때 엄마가 웃는 얼굴을 보이면 아기는 엄마 곁에서 떨어져서 마음껏 돌아다니며 장난감을 탐색했다. 긍정적인 표정 덕분에 불안이나 두려움을 적게 느꼈기 때문이다. 반면 엄마가 부정적인 표정을 보이면 장난감에 관심을 두기보다 엄마 근처에 가까이 머무는 경향이 커졌다.[59]

'사회적 참조social referencing'라 불리는 이 현상에 따르면, 아기들은 단순히 타인의 얼굴 표정을 인식하는 수준을 넘어 이러한 정보를 토대로 행동을 조절하는 능력을 갖고 있다. 즉 타인의 표정은 그 자체로 아기가 특정 행동을 형성하고 수정하기 위해 사용하는 일종의 보상 역할을 담당한다. 몇몇 뇌 영상 연구들에 따르면, 웃는 얼굴을 볼 때 측핵과 같은 보상 영역의 활동이 증가하고, 공포에 질린 표정을 볼 때 편도체와 같은 공포 학습과 관련된 부위가 활성화된다고 한다. 이는 얼굴 표정의 사회적 보상 기능을 지지하는 또 다른 중요한 증거라 할 수 있다.[60] 생후 일 년도 채 되지 않은 아기들이 타인을 향한 이타적 행동을 보이는 이유는 아마도 이러한 사회적 참조 덕분일 것이다. 아기가 태어나자마자 최초로 신체 항상성의 불균형을 경험할 때, 다시 말해 배고픔과 통증, 불쾌함을 경험할 때, 이를 해소해준 최초의 타인인 엄마의 얼굴은 아기가 학습한 첫 번째 사회적 보상일 수 있다.

이렇게 아기들이 출생과 거의 동시에 학습하게 되는 사회적 보상은 아기의 다양한 신체 욕구들을 해결하는 데 가장 크게 기여하게 되며 오랜 발달 과정을 거치면서 다른 어떤 보상보다 더 강력한 보상으로 각인될 수 있다. 이 과정을 거치면서 아기들은 비로소 사회화를 시작할 준비를 갖추는 것이다.

직관적이고 자동화된 이타적 행동

타인이 지켜볼 때 좋은 평판을 얻기 위한 방향으로 선택이 편향된다는 사실만으로 모든 이타적 행동의 동기를 평판 추구라고 단정 지을 수 있을까? 평판 추구와 무관한, 오로지 타인만을 위한 순수한 이타성은 과연 존재하는 것일까? 최근 도덕 심리학적 관점에서 이타적 행동의 동기에 대해 새로운 해석이 제시되었다. 이타적 행동의 동기는 훨씬 더 근원적이고 원초적인 욕구를 해결하기 위해 새롭게 생성되었지만 사회화를 거치면서 자동화될 수 있는 일종의 도구적 기능을 담당한다는 것이다.

이 이론에 따르면 인간의 욕구는 셀 수 없을 만큼 다양하지만 크게 도구적 욕구instrumental desire와 궁극적 욕구ultimate desire로 구분된다.[61] 궁극적 욕구는 말 그대로 배고프면 음식을 섭취하고 목마르면 물을 마시는 것과 같은 기초적인 욕구들을 말한다. 도구적 욕구는 궁극적 욕구들을 해소하기 위해 필요한 부차적인 욕구를 가리킨다. 이를테면 배고픔을 해결해주는 대상인 엄마에게 다가가는 행동은 도구적 욕구에 의한 것이다. 궁극적 욕구는 상대적으로 그 수가 한정되어 있지만 도구적 욕구는 거의 무한에 가까울 정도로 다양하게 존재한다. 또한 도구적 욕구에는 엄마의 관심을 끌어 배고픔을 해소하려는 것처럼 궁극적 욕구와 매우 가까운 것들도 존재하지만, 회사에서 맡은 임무를 성공적으로 완수하고자 하는 것처럼 궁극적 욕구와는 관련 없어 보이고 상대적으로 거리가 먼 것들도 존재한다.

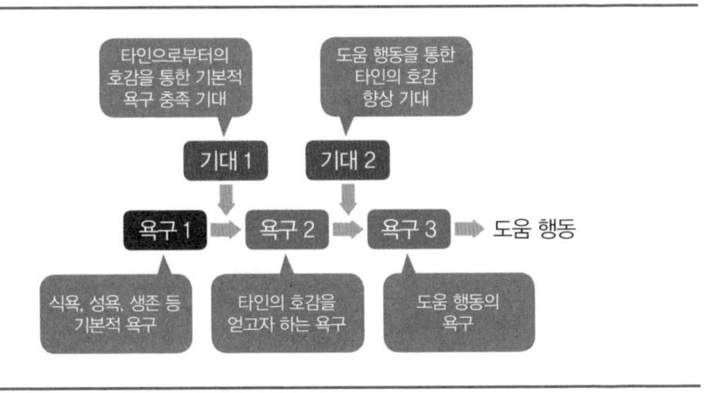

■ 도움 행동이 발현되기까지 인간 욕구의 단계별 발달 과정

여기서 중요한 것은 특정 도구적 욕구의 해소가 궁극적 욕구의 해소로 이어지는 경험을 자주 갖는다면, 그 도구적 욕구는 궁극적 욕구와 매우 유사해지며 그 자체가 목적인 것처럼 기능하게 된다는 점이다. 이러한 과정을 거쳐 자동화된 도구적 욕구를 '교육된 직관educated intuition'이라 부른다. 최근 이론들은 도덕적 판단과 행동들 역시 초기에는 많은 학습과 추론 과정을 거쳐 도구적 욕구로 발전했지만, 반복적인 경험을 통해 점차 직관적이고 정서적인 욕구로 자리 잡게 되었다고 주장한다.[62] 이러한 주장은 대부분의 도덕적 판단과 행동들이 논리적이라기보다는 정서적인 과정을 거쳐 직관적으로 표출된다는 주장들과도 일맥상통한다.[63]

궁극적 욕구 해소를 위해 생겨나 자동화된 도구적 욕구인 이타적 행동 역시 직관적이고 자동적인 처리를 거쳐 나타나며, 오히려 이타적 직관에 역행하는 행동을 취하려면 인지적인 노력이 추가로 필요할 수 있다. 여러 구성원이 공동 투자해 협업하는 경제학 게임으로 이타적 행동 양상을 알아본 한 연구는 이를 잘 보여준다. 이 연구에서는 참가자들이 내린 결정을 반응 속도에 따라 10초 이하의 빠른 결정과 10초 이상의 느린 결정으로 분류하여 비교해보았다. 그 결과, 느린 결정에 비해 빠른 결정을 한 참가자들이 공동의 목표를 위해 더 많은 금액을 기여한 것으로 나타났다.[64] 또한 의도적으로 10초 이내에 기여할 금액을 결정하도록 시간을 제한할 경우, 10초 이상 생각한 뒤에 결정을 내리도록 한 경우에 비해 더 많은 금액을 기여한 것으로 밝혀졌다.

이 결과들을 토대로 모든 이타적 행동은 직관적이라고 결론지을 수 있을까? 물론 그렇지 않다. 반응 시간에 영향을 미칠 수 있는 요인은 너무나 많기 때문에 이런 단순한 결론은 위험하다. 예를 들어 타인을 돕고자 하는 의도가 있어도 한 번도 경험해보지 못한 생소한 상황에서는 이타적 행동이 직관적으로 나타나긴 어렵기 때문이다. 또 다른 한 연구에서는 대가를 기대할 수 없는 상황에서의 이타적 행동과 대가를 기대할 수 있는 상황에서의 이타적 행동을 서로 구분하여 비교했다. 예를 들어 상대방과 단 한 번만 게임을 하는 경우에는 그 사람을 다시는 볼 이유가 없으므로 굳이 이타적으로 행동할 필요가 없지만, 여러 번 반복해 게임을 할 경우에는 원치 않더라도 이타적 행동을 보여야 상대방으로부터 동일한 행동을 기대할 수 있다. 편의상 전자를 순수한 이타적 행동, 후자를 전략적 이타적 행동이라 부르자.

흥미롭게도 선택할 시간을 제한하는 것과 같이 직관적인 충동성을 촉진하는 실험 조작은, 순수한 이타적 행동만 증가시키고 전략적 이타적 행동에는 영향을 주지 않았다. 어쩌면 순수한 이타적 행동은 이미 익숙하고 자동화되어, 대가를 바랄 수 없는 상황에서도 직관적인 가치 계산으로 만들어진 행동일 수 있다.

진화론적으로 성공 가능성이 높은 유형

이기적 직관을 가진 사람과 이타적 직관을 가진 사람 중 과연 어느 쪽이 생존에 더 유리할까? 이타적 본성의 진화론적인 해석을 컴퓨터 시뮬레이션을 통해 살펴본 흥미로운 연구가 있다. 이 연구에서는 다양한 유형의 행동 전략을 가진 사람들을 설정하고 이들이 죄수의 딜레마 게임에서 보이는 행태를 관찰하였다. 이를 기초로 각 유형의 진화적 성공 가능성, 즉 살아남아 자신과 동일한 행동 유형을 가진 후속 세대를 만들어낼 확률이 증가하는지를 살펴보았다. 그 결과 진화적으로 성공 가능성이 높은 두 가지 유형이 드러났다.[65]

첫 번째 유형은 직관적으로 이기적인 경향을 지닌 사람들이었다. 그리고 두 번째 유형은 직관적으로는 이타적이지만 분석적인 사고와 조절 기제를 통해 이기적인 전략을 채택하는 사람이었다. 한편 이기적인 직관성을 가졌지만 분석적으로 이타적 전략을 사용하는 사람은 진화적으로 적절한 유형이 아닌 것으로 드러났다. 비록 컴퓨터 시뮬레이션이기는 하지만 이 연구는 흥미로운 점을 시사한다. 말하자면 직관적으로는 이타적인 사람들도 이기적인 직관성을 가진 사람들과의 경쟁에서 생존하기 위해 이기적인 전략을 채택하는 진화적 적응 과정이 필요하다는 것이다.

물론 생존과 번식이라는 궁극적 욕구가 인정 욕구로 성장하며,

이것이 도덕성과 이타성이라는 숭고한 인간의 가치를 만들어낸다는 논리를 받아들이기란 쉬운 일이 아니다. 인정 욕구는 곧 이기적 욕구라는 단순한 공식을 적용할 경우, 위와 같은 논리는 도덕적 행동이나 이타적 행동 뒤에 숨은 이기심에 대한 의심과 이에 대한 비난을 정당화할 수 있다. 또한 자신의 안위를 내던지며 불의에 항거했던 역사 속 영웅들, 혹은 전혀 관계없는 타인들을 위해 평생을 바쳐 헌신적인 삶을 산 이타주의자들을 폄하하는 이유가 될 수도 있으며, 더 이상 이타주의자들이 나오지 못하도록 하는 원인이 될 수도 있다.

하지만 과연 그럴까? 만약 내가 이기적 직관을 가진 사람이건 혹은 이타적 직관을 사람이건 나에게 진정으로 이로운 것은 무엇인지 고민해볼 수 있는 기회를 줄 수 있을지 모른다. 그렇게 함으로써 과도하게 이기적이거나 이타적인 직관을 좀 더 균형 잡힌 상태로 재조정할 수 있다. 자신의 이기적 혹은 이타적 행동의 더 근원적인 동기를 명확하게 직시하는 것은 타인과 상호작용하며 성장하는 과정에서 부정적인 영향보다는 긍정적인 영향을 줄 가능성이 높다.

이타적 욕구가 인정 욕구에서 비롯된다는 점을 깨달으면 이러한 욕구가 줄어들지도 모른다는 주장은 마치 인간의 생리 작용과 대사 작용을 이해하면 식욕이 사라질 것이라는 걱정과도 같다. 인간의 생존과 적응에 필수적인 인정 욕구가 자연스럽게 확장되어 나타난 건강한 도덕적 행동과 이타적 행동은 그 이면의 동기를 이해한다고 해서 결코 사라지지 않는다. 오히려 자신의 신체 상태를 정확히 인식하면 건강에 해로운 습관을 피하기 쉬워지지 않는가. 이처럼 인정 욕구의 실체를 정확히 파악하는 일은 도덕성과 이타성으로 포장된 인정 욕구가 자신을 포함한 사회 전체를 파괴하는 형태로 무분별하게 퍼져나가는 것을 막아줄 수 있을 것이다.

4장

공정성에 집착하는 인간의 속마음

너그러운 사람이 공공의 적이 되는 순간

—— 언젠가 추석 연휴가 끝난 뒤 미디어에 발표된 기사들 중에서 흥미로운 자료가 하나 눈에 띄었다. 연휴 귀성길, 소위 '짜증 유발 운전자'에 대한 설문 조사 결과였다. 가뜩이나 여러 고민들로 머리가 복잡한 귀성길에 어떤 유형의 운전자가 가장 분노를 유발하는지 알아본 이 조사는 내 관심을 끌기에 충분했다.

가장 짜증을 유발하는 유형은 진입로 또는 출구에서 끼어드는 운전자였다. 대부분 쉽게 예상할 수 있을 만한 결과였다. 전체 응답자들의 3분의 1에 해당하는 다수가 이를 선택하는 데 주저하지 않았다. 그런데 이보다 흥미로운 결과는 두 번째 순위였다. 29퍼센트의 응답자들이 선택한 유형은 바로 '누구든 끼워주는 앞차'였다. 얌체 짓을 하는 새치기 운전자에게 너그럽게 아량을 베푼 운전자 역시 공공의 적이었던 것이다.

전체 조사 결과를 종합해볼 때 규범을 어기는 운전자와 이를 묵인하는 운전자 모두 가장 짜증나는 유형으로 뽑혔으며, 그 비율이 전체 응답자들의 60퍼센트가 넘었다. 대부분의 도로가 극심한 정체 현상을 보이는 다소 특별한 귀성길 상황이라는 점을 고려하더라도 '공정성'이라는 것이 사람들의 마음속에 차지하고 있는 비중을 잘 드러내준 자료였다고 생각한다.

공정성에 대한 인식과 이를 유지하고자 하는 개개인의 동기는 사회의 질서를 지켜나가는 데 매우 중요한 요소라 할 수 있다. 매 순간 인식하지는 못하더라도 공정성은 일상생활에서 우리의 행동을 제약하기도 하고 때로는 특정 방향으로 이끌기도 하는 보이지 않는 큰 힘으로 작동한다. 과연 공정성에 대한 우리의 판단은 어디서 비롯되는 것일까?

아마도 인류의 역사만큼이나 오랜 세월 동안 이어져온 이 질문에 대한 답을 찾기 위해 공정성과 관련된 오래된 논쟁들을 새롭게 조명하는 사회과학적 연구 결과부터 우선 살펴보고자 한다. 그리고 공정성 유지를 위해 반드시 필요한 '이타적 처벌자'의 심리학적, 그리고 뇌과학적 해석을 제시하는 최신 연구들에 대해서도 살펴보기로 하자.

가장 최선의 선택은 규범을 어기는 것?

앞서 언급한 '짜증 유발 운전자'에 대해 다시 한번 생각해보자. 제한된 공간, 즉 도로에서 모든 사람들은 원하는 곳으로 최대한 빠른 시간 내에 이동하길 희망한다. 하지만 도로는 제한되어 있기 때문에 교통 법규라는 규범이 필요하고, 대부분의 사람들은 이러한 규범의 필요성에 암묵적으로 동의한다.

그러나 사실 이러한 상황에서 나에게 가장 좋은 경우는 다른 사람들은 모두 규범을 지키고 나만 홀로 규범을 어기는 상황이다. 예를 들면 고속도로를 벗어나기 위해 출구가 나오기 수 킬로미터 전부터 줄을 서 기다리고 있는 차들을 제치고 출구 직전에 새치기를 하는 것이다. 두 번째로 좋은 경우는 나와 타인들 모두가 규범을 준수하는 것이다. 최선은 아니지만 나쁘지 않은 상황이다. 이보다 좀 더 나쁜 세 번째 경우는 나와 타인들 모두 규범을 어기는 것이다. 최악의 경우는 다른 사람들은 모두 규범을 어기고 새치기를 하지만 나 혼자 규범을 준수하는 상황이다. 위의 네 가지 경우를 정리해보면 아래 표와 같이 표현될 수 있다.

		나 이외의 다른 사람들	
		규범 준수	규범 위반
나 자신	규범 준수	Good	Worst
	규범 위반	Best	Bad

■ 도로 위에서 발생하는 죄수의 딜레마 게임

위 표를 자세히 살펴보면 한 가지 흥미로운 사실을 발견할 수 있다. 바로 다른 운전자들이 어떠한 선택을 하느냐와 상관없이 나에게 있어서 좋은 선택은 항상 규범을 위반하는 것이라는 점이다. 따라서 상황을 조금만 논리적으로 파악할 능력을 가진 사람이라면 규범을 어기는 선택이 항상 최선의 선택임을 깨닫거나 학습하게 된다.

결국 모든 사람들이 합리적이고 논리적인 선택을 한다면 모두가 규범을 어기는 파국의 상태로 이른다는, 다소 받아들이기 불편한 결론에 도달하는 것이다. 논리적으로 볼 때 각자에게 최선의 선택이 규범 위반이라니, 뭔가 잘못된 것이 아닐까? 경제학 게임 이론의 유명한 사례이기도 한 이 상황은 '죄수의 딜레마'라는 이름으로 더 잘 알려져 있다.

		죄수 A	
		침묵	자백
죄수 B	침묵	죄수 A: 1년 복역 죄수 B: 1년 복역	죄수 A: 석방 죄수 B: 10년 복역
	자백	죄수 A: 10년 복역 죄수 B: 석방	죄수 A: 5년 복역 죄수 B: 5년 복역

■ 죄수의 딜레마 예: 두 죄수 모두 협력(또는 침묵)할 때 가장 좋은 결과가 발생한다.

위 표는 어떤 범죄의 용의자로 체포되어 따로 격리된 죄수 두 명의 사례를 보여준다. 두 명의 죄수는 범죄에 대한 자백 여부에 따라 표에 제시된 것과 같이 형이 결정될 수 있다. 두 죄수 모두 침묵을 지키면 혐의를 입증할 수 없어 둘 다 가벼운 형만 받게 된다. 하지만 둘 중 하나가 상대방을 배신하고 자백을 하면 자백한 죄수는 석방되고 다른 죄수는 10년이라는 중형을 받게 된다. 앞서 살펴본 운전자의 예와 유사하게, 논리적으로 자신의 이익만을 고려하는 경우에는 두 죄수 모두 자백하게 될 가능성이 크다는 결론을 얻을 수 있다.

얼핏 단순해 보이는 죄수의 딜레마는 국가 간의 경쟁적인 자원 남획, 환경 훼손, 그리고 분쟁에 이르기까지 다양한 형태의 관계와 결정들을 설명하는 데 이론적 근거를 제시해준다. 이와 관련해서 생태학자인 개럿 하딘Garret Hardin은 '공유지의 비극tragedy of the commons'이라는 유명한 이론을 내놓았다.[66]

이는 인간에게 제약이 가해지지 않을 경우 날씨, 토양, 대기, 수자원, 에너지, 식량, 생태계 등 다양한 공유 자원이 고갈되어버릴 수밖에 없다는 주장이다. 이러한 주장은 공유 자원을 이용하는 모든 사람들의 '합리적' 또는 '이성적' 판단과 선택에 의해 자원이 훼손되거나 파괴될 수 있다는 가정에 기초한다. 다시 말해 각 개인의 합리적 혹은 상식적 수준에서 가장 효율적인 선택이 모이면, 그 합은 비합리적이고 몰상식적인 결론으로 이어질 수 있다는 것이다.

이 이론이 정확하다면, 사회에 단 한 명의 규범 파괴자만 존재하더라도 우리는 막대한 파급 효과를 경험할 수 있다. 또한 결국엔 정직한 사람은 모두 사라지고 범법자들만 난무하는 혼돈의 세상이 될 것이라는 우울한 예측마저 가능하다. 이런 생각을 하다 보면 긴 역사를 통해 인간 사회가 유지되어왔다는 사실조차 거의 기적처럼 느껴진다. 그렇다면 파국으로 향할 수밖에 없는 운명을 거스르면서 우리는 어떻게 인류라는 종을 지금까지 유지할 수 있었을까? 앞서 소개된 죄수의 딜레마 게임은 복잡한 사회 현상을 단순화했다는 장점을 갖고 있다. 그러나 여기에는 결정적인 한계도 있다. 바로 두 당사자들 간에 소통이 완전히 차단되어 있다는 점이다.

우리 사회에서는 이익이 상충하는 상황에서 파국에 이르는 선택을 하기 전에 서로 의견을 교환할 수 있고, 이를 통해 조정도 가능하다. 뿐만 아니라 상대방이 협력하지 않을 경우 '처벌' 혹은 '보복'이 가능하며, 상대방의 보복에 대한 우려는 나의 결정에 큰 영향을 미치기도 한다. 실제로 많은 사회과학자들은 인류가 지금까지 서로 협력하는 사회를 만들어 유지해올 수 있었던 주요 요인으로 '처벌'의 사회적 기능을 꼽고 있다.

이타적 처벌자의 심리 분석

살아오는 동안 누구나 크든 작든 벌을 받아 본 적이 있을 것이다. 처벌에 관한 아픈 기억을 가져보지 않은 사람은 아마 거의 없지 않을까. 학교와 직장은 말할 것도 없고 가족이나 동창 간의 작고 사적인 모임에도 어떤 식으로든 규율은 존재하고, 이 규율을 어겼을 경우 처벌이 가해진다. 인간의 오랜 역사에서 규율을 위반했을 경우 가해지는 처벌은 조직 내 구성원들 간의 협력 행동을 형성하고 유지하는 데 결정적인 역할을 담당해왔다.

실제로 처벌이 집단 내 구성원 간의 협력 행동을 증가시키는지를 확인하기 위해 만든 경제학 실험이 하나 있다. 실험경제학에서 많이 사용되는 '공공재 게임public goods game'이다. 공공재 게임은 협력 행동을 강화하고 유지시키는 데 처벌이 미치는 영향을 단순화된 조직 구성원 간의 상호작용을 통해 알아보는 게임이다.[67] 예를 들어 다음 페이지 그림에 묘사된 것과 같이 여덟 명의 참가자들이 한 팀으로 구성되어 게임을 진행한다고 가정해보자. 게임이 시작되면 각 참가자들은 가지고 있는 10000원에서 일정 금액을 공동 계좌로 보낸다. 일종의 투자로 생각할 수 있는 이 금액의 액수는 참가자가 임의로 결정할 수 있다. 공동의 계좌에 적립된 금액은 모두 합쳐져 네 배로 불어나고 최종 금액은 여덟 명의 참가자들에게 균등하게 배분된다. 아주 단순해 보이는 게임이지만 규범을 어기고 돈을 보내지 않는 '무임승차자'가 나타나면서 역학 관계는 복잡해지기 시작한다.

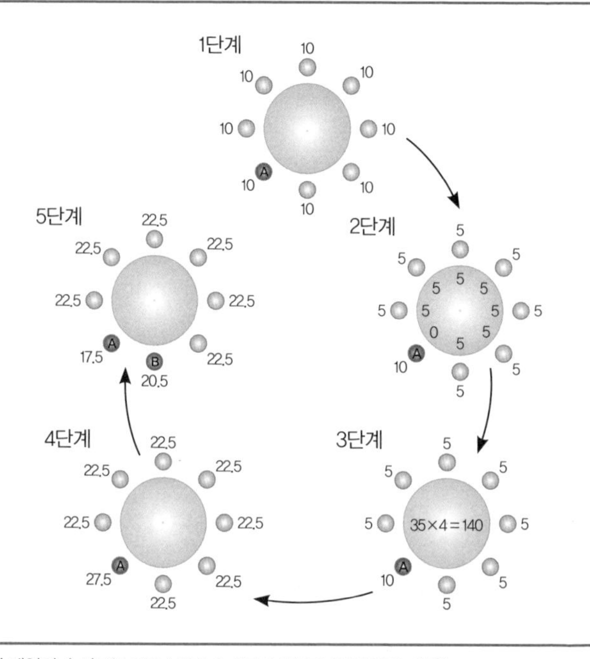

■ 공공재 게임의 순서도(A: 무임승차자, B: 이타적 처벌자 / 금액 단위: 천 원)

그림의 예에서 참가자 A는 다른 참가자들이 5000원씩 투자를 할 때 혼자만 투자를 하지 않는다. 이러한 참가자 A를 무임승차자라고 부른다. 규범을 어긴 무임승차자에게도 규칙에 따라 금액은 균등하게 분배되므로 그는 다른 참가자들보다 많은 이득을 부당한 방식으로 얻게 된다. 모든 참가자가 무임승차자의 존재를 알지만 묵인할 경우 무임승차자는 계속해서 규범을 어기게 된다. 설상가상 무임승차자의 숫자는 점점 늘어나 최악의 경우 그 집단은 더 이상 제구실을 못하는 지경에 이른다. 이러한 파국을 막기 위한 효과적인 방법은 무임승차자를 처벌하는 추가 장치를 규범에 포함하는 것이다.

공공재 게임에서는 참가자들 중 누구든지 일정 비용을 지불하여 무임승차자의 소득을 삭감하는 경제적 제재 조치를 내릴 수 있다. 그림을 보면 참가자 B는 자신의 계좌에서 2000원을 지불하여 무임승차자의 계좌에서 10000원을 삭감하는 결정을 내린다. 이러한 참가자 B를 '이타적 처벌자altruistic punisher'라 부른다. 이처럼 처벌이라는 추가 장치를 규범에 포함시킬 경우, 참가자들 중 무임승차자를 처벌하는 사람이 등장한다. 여기서 처벌을 받은 무임승차자는 다시 협조적으로 변화하기 쉬우며, 집단은 다시 공동의 목적을 위해 협력하게 된다.

우리가 처벌이 있는 집단을 선호하는 이유

그렇다면 우리는 처벌이 있는 집단과 없는 집단 가운데 어느 쪽을 선호할까? 물론 독특한 취향을 가진 경우를 제외하고 처벌을 좋아할 사람은 거의 없다. 하지만 처벌이 집단의 규범을 유지하기 위해 사용될 경우 상황은 달라질 수 있다.

이러한 질문에 답하기 위해 공공재 게임을 사용한 또 하나의 실험이 있다. 이 실험에서 참가자들은 처벌 규정이 있는 집단과 없는 집단 중 마음대로 하나를 선택할 수 있었다. 사람들은 당연히 처벌이 없는 집단으로 몰려가지 않을까? 흥미롭게도 많은 사람들이 처음에는 처벌 규정이 없는 집단을 선택했지만, 같은 게임에 여러 번 참여해본 뒤에는 점차 처벌 규정이 있는 집단으로 옮겨갔다. 어째서일까? 이유는 간단했다. 처벌 규정이 없는 집단에는 점차 무임승차자가 넘쳐나게 되고 결국 정직하게 투자를 해 수익을 높이려는 사람들은 모두 처벌 규정이 있는 집단으로 옮겨 가버렸기 때문이다. 실제로 실험이 종료된 후 각 참가자들의 평균 소득액을 계산해 본 결과 처벌 규정이 있는 집단이 그렇지 않은 집단에 비해 훨씬 높은 것으로 나타났다.[68]

규범을 어기는 구성원에 대한 처벌 규정은 집단의 협력 행동을 강화하고 유지하는 데 반드시 필요한 요소다. 그러나 여기서 쉽게 풀리지 않는 또 다른 의문이 있다. 과연 누가, 어떠한 이유로 규범을 어기는 자를 처벌하기 위해 기꺼이 돈을 지불하면서까지 이타적 처벌자로 나서는 것일까? 또 이들은 과연 어떠한 동기에서 이러한 행동을 보이는 것일까? 이타적 처벌자의 심리적 내면세계를 이해하는 일은 인간 사회의 협력 행동을 이해하는 데 중요한 실마리가 될 것이다. 지금부터는 심리학과 뇌과학을 통해 이타적 처벌자의 심리 속으로 들어가보자.

손해를 보더라도
불공평한 제안은 거절한다

몇 년 전 〈트라이앵글〉이라는 흥미로운 퀴즈쇼가 방송된 적 있다. 이 프로그램에서 구현된 게임 상황은 시청자의 입장에서는 흥미진진하지만 출연자들에게는 가혹하리만큼 잔인하다. 이 퀴즈쇼에는 매회 세 명의 참가자들이 출연한다. 이들은 서로 협력하여 다양한 난이도의 퀴즈들을 함께 풀어내며, 한 문제씩 정답을 맞힐 때마다 난이도에 상응하는 상금을 얻는다.

이전에 한 번도 만난 적 없는 참가자들은 공동의 목표를 위해 최선을 다하며 협력하게 되고, 이 과정에서 급격하게 동료 의식을 느끼며 친밀감을 형성한다. 이들이 서로의 장점을 살려 노력하면 1000만 원을 훌쩍 넘는 상금을 얻을 수 있는데, 이 과정에서 각 참가자의 상대적인 공헌도는 조금씩 차이가 날 수밖에 없을 것이다. 흥미롭게도 이 퀴즈쇼의 클라이맥스는 바로 모든 게임이 끝난 뒤 시작된다.

게임이 끝나고 난 다음 참가자들은 그동안 축적된 상금을 서로 나누어 가져야 한다. 상금을 사이좋게 똑같이 나누어 가진다면 해피엔딩이겠지만 안타깝게도 그런 상황은 주어지지 않는다. 가학적 취미를 가진 시청자들의 기대에 부응하기 위해 이 프로그램에서는 한 가지 규칙을 제시한다. 참가자들은 각자 공헌한 정도에 따라 총 상금을 6:3:1 혹은 7:2:1의 비율로 나누어야 하는 것이다. 분배 비율은 의도적으로 크게 차이가 나도록 설정되었고 참가자들은 누가 어떤 비율로 상금을 받아갈지 서로 합의해서 결정해야 한다. 이때 주어진 시간은 단 100초뿐이다.

참가자들이 합의를 이끌어내는 와중에도 상금은 매 초마다 계속 줄어들고, 100초가 지나도록 합의를 이루지 못하면 결국 상금 전액이 사라진다. 따라서 최대한 빨리 합의를 도출해야지 각자가 받을 수 있는 상금의 크기 역시 커진다. 그런데 여기에 중요한 문제가 있다. 바로 각자가 공헌도를 모두 다르게 느낀다는 것이다. 당연히 합의를 시도하는 동안 참가자들의 목소리는 높아지고 말투는 거칠어지며 갈등은 최고조에 이른다. 어떤 에피소드에서는, 1의 비율을 받으라는 다른 참가자들의 다소 강압적인 요구에 한 여성 참가자는 결국 울음을 터뜨렸고 그사이 100초라는 시간이 모두 소진되어버리고 말았다. 결국 참가자 세 명 모두 한 푼도 받지 못한 채 퇴장하는 씁쓸한 광경이 펼쳐진다.

아마도 누군가는 이 퀴즈쇼가 말초신경을 자극하기 위해 만들어진 흥미 위주의 저속한 쇼에 불과하다고 생각할지 모른다. 하지만 실제 이 퀴즈쇼는 '최후통첩 게임ultimatum game'이라는 유명한 경제학 실험에서 모티브를 얻어 만들어졌으며 공정성에 민감한 인간의 심리를 정교하게 파헤치는 게임이라 말할 수 있다.

상대의 불공정한 행동을 어떻게 처벌할 것인가

최후통첩 게임에서는 각각 '제안자'와 '응답자' 역할을 맡는 참가자 두 명이 참여한다.[69] 이 게임이 시작되면 실험자는 일정한 금액의 돈을 제안자에게 건네준다. 돈을 받은 제안자는 받은 돈의 일부를 응답자에게 나누어주어야 하고 금액은 마음대로 선택할 수 있다. 응답자는 제안자가 제시한 금액을 그대로 받을 수 있다. 이 경우 두 사람은 제안자가 제시한 대로 돈을 나누어 갖게 되며 게임은 여기서 끝난다. 하지만 응답자가 생각하기에 제안 액수가 불공평하게 적은 경우 이를 거절할 수도 있다. 응답자가 제안을 거절하면 제안자와 응답자는 모두 한 푼도 못 받고 게임이 끝난다. 따라서 제안자는 터무니없이 적은 액수를 제안하기보다 좀 더 신중하게 액수를 결정할 필요가 있다.

그런데 과연 응답자는 불공평한 제안을 거절할까? 인간은 누구든 자기 이익을 극대화하려 한다는 고전 경제학의 단순한 가정에서 본다면 터무니없는 액수를 제안받더라도 한 푼도 못 받는 것보다는 낫다. 따라서 응답자는 거절하지 않으리리라고 예상할 수 있다.

■ 최후통첩 게임의 예: 제안자의 불공정한 제안은 반응자의 거절을 초래할 수 있다.

하지만 흥미롭게도 실제 이 게임을 통해 얻은 결과들을 살펴보면 총 금액의 20퍼센트 미만으로 제안액이 결정될 경우 대부분의 응답자들은 거절을 선택한다는 것이 밝혀졌다. 이러한 응답자들의 거절 행동이 비교적 적은 금액을 사용한 인공적인 실험 상황 때문이라고 주장하는 사람도 있을 것이다. 그러나 앞서 소개된 퀴즈쇼의 경우 수천만 원의 상금을 두고도 비슷한 거절 행동이 나타났던 점을 고려하면 이러한 주장은 설득력이 없다.

응답자가 거절이라는 극단적인 선택을 통해 한 푼도 못 받는 결정을 내리는 이유는 무엇일까? 우리는 상식적으로 누군가의 행동이 공정한지 그렇지 않은지를 판단하는 일은 논리적이고 분석적인 과정이라고 생각하며, 또 그래야만 한다고 믿는다. 과연 실제로도 그럴까? 앞에서 언급한 바와 같이 다른 두 명의 참가자들로부터 1의 비율을 강요받았던 참가자의 경우 분노에 휩싸여 카메라 앞에서 눈물을 보일 정도로 격앙된 반응을 보였다. 이렇게 불공평한 제안을 받을 때 대부분의 응답자들은 논리적이거나 분석적으로 반응하는 것처럼 보이지 않는다.

최후통첩 게임에서 응답자가 보이는 거절 행동은 공공재 게임에서 이타적 처벌자의 처벌 행동과도 닮은 점이 꽤 많다. 그렇다면 상대방의 불공정한 행동에 대한 나의 처벌 행동은 오히려 복수심과 더 유사한 것이 아닐까? 이러한 관점에서 볼 때, 복수심의 심리학적 기제에 대해 알아보는 것은 이타적 행동의 심리적 근원을 이해하는 데 중요한 실마리가 될 것이다.

복수는 정말 나의 것인가

한 남자를 지독히 사랑한 여자가 있다. 그 남자의 바람을 이뤄주기 위해 여자는 가족마저 저버리고 함께 도망친 후 가정을 꾸린다. 그런데 어느 날 갑자기 남자가 떠나겠다고 한다. 헌신적인 아내와 두 아들을 버리고, 권력자의 딸과 결혼을 하겠다는 것이다. 절망에 빠진 여자는 남자를 위해 모든 것을 버린 지난날을 회상하며 복수를 다짐한다. 마침내 여자는 남편의 새로운 여자뿐만 아니라 자신의 두 아들까지 죽임으로써 처절한 복수를 완성한다.

그리스 작가 에우리피데스가 쓴 희곡 《메데이아Medeia》의 이야기다. 이 작품 외에도 셀 수 없이 많은 영화나 문학 작품에서 복수라는 테마는 흥미롭게 변주되어왔다. 전통적으로 심리학에서는 복수를 다소 병적인 심리 상태로 보았다. 하지만 최근에는 조금 다른 해석을 제시한다. 이해를 돕기 위해 한 가지 예를 들어보자. 우선 해를 끼친 사람을 '갑', 해를 입은 사람을 '을'이라고 칭하기로 한다. 갑이 을에게 해를 가할 경우, 두 사람 사이의 균형은 깨지고 을은 갑에게 보복함으로써 무너진 균형을 회복하려 한다. 최근에는 이렇게, '무너진 형평성의 회복을 위한 자연스러운 인지적 적응 기제'에서 복수심이 비롯된다고 해석한다.[70]

복수를 통해 얻으려고 하는 것

여기서 말하는 형평성이란 무엇일까? 을은 갑이 자신을 어느 정도 존중할 것이라는 기본적인 기대감을 갖는데, 바로 이런 기대감을 형평성이라 부를 수 있다. 기대감을 형성하는 중요한 두 가지 요소 중 하나는 친구, 가족, 동료 등으로 표현될 수 있는 두 사람 사이의 관계이다. 또 다른 하나는 상대방이 지금까지 나에게 했던 행동들이다.

상대방이 자신을 얼마나 존중할지에 대해 갖는 기대감은 다양하다. 아주 친한 친구와 별로 친하지 않는 사람에 대해 우리가 기대하는 바는 많이 다르지 않은가. 다시 말해 형평성은 우리가 사람들과 맺는 관계의 친밀도 등에 따라 다른 기준점을 갖는다. 여기서 중요한 사실이 있다. 상대방으로부터 기대하는 형평성의 기준점이 높으면, 배신에 대한 분노나 상처도 커지고 당연히 복수의 강도 역시 높아질 수 있다는 것이다. 또한 그 행동이 의도적이었는지 아닌지에 따라서도 복수의 강도는 달라진다. 예를 들어 어떤 사람이 의도적으로 해를 가한 경우, 그만큼 기대감이 깨지는 정도도 심해지고 피해자가 받는 상처 역시 훨씬 커진다.

사람들이 형평성을 회복하는 것이 그토록 높은 가치를 부여하는 이유는 무엇일까? 형평성을 회복하면서 자신의 사회적 가치를 높이고 생존 가능성도 함께 높일 수 있는 방법이기 때문이 아닐까?

이해를 돕기 위해 최후통첩 게임을 다시 한번 적용해보자. 실험자가 갑에게 100만 원을 준다. 을도 갑이 100만 원을 받았다는 사실을 알고 있고, 갑은 자신이 받은 100만 원의 일부를 을에게 나누어주어야 한다. 이때 을의 입장에서 갑이 을에게 나누어준 금액이 기대치에 비해 적다고 느낄 경우, 을이 기대하던 형평성은 깨질 수 있다. 그러나 복수할 기회가 을에게 주어져 있다는 사실을 갑이 알고 있는 경우, 그렇지 않은 경우보다 갑은 훨씬 더 많은 돈을 을에게 나누어주는 결과를 보인다. 즉 을에게 주어진 복수 가능성은 갑이 을을 대하는 태도에 영향을 미치고 을에게 긍정적인 결과로 돌아오는 것이다.

이러한 실험을 통해 우리는 인간의 복수 행위가 반드시 부정적인 행위라기보다는 일종의 적응적인 기능, 즉 '무너진 형평성의 회복'을 위한 자연스러운 '인지적 적응 기제'에서 비롯된 행동이라는 사실을 추론해볼 수 있다.

진짜 목적은 형평성의 회복이다

흔히 인간은 복수라는 행위를 통해 쌓여 있던 분노를 쏟아내면서 카타르시스를 경험한다고 믿는다. 실제로 사람들이 복수를 통해 이러한 카타르시스를 경험하는지 알아보기 위한 뇌 영상 연구가 하나 있다. 이 실험에서는 뇌 활동을 실시간으로 관찰하는 뇌 영상 기법을 사용해서 상대방의 부당한 행위를 처벌하는 참가자들의 뇌를 촬영해보았다.[71]

공공재 게임과 유사한 경제학적 게임을 사용한 이 실험에서는 부당한 대우를 받았던 을에게 갑을 처벌할 기회를 부여했다. 그 결과, 갑이 처벌받을 것이 예상되는 시점에서 을의 뇌 깊숙한 곳에 위치한 측핵의 활동이 증가했다. 앞서 설명한 바 있듯이 이 부위는 음식이나 돈과 같은 보상이 주어졌을 때 반응한다. 다시 말해 이 결과는 상대방의 부당한 처사에 대해 성공적으로 복수할 때 실제로 우리 뇌는 마치 보상을 받을 때와 동일한 반응을 보인다고 해석할 수 있다.

그렇다면 복수에 성공하여 상대방이 나와 동일한 고통을 경험하게 될 경우 과연 을은 예상했던 만족감을 얻는다고 말할 수 있을까? 물론 그럴 수 있다. 그러나 최근 연구들에 따르면 복수를 행한 을이 항상 긍정적인 경험을 하지는 않는 것으로 보인다. 다음 연구를 살펴보자. 여기서는 부당하게 금전적 이익을 취한 파트너로부터 상금을 빼앗는 복수의 기회를 참가자들에게 제공했다. 이와 함께 파트너에게 짧은 메시지를 전달할 기회도 주었다. 대부분의 메시지는 부당한 금전적 취득 때문에 복수한다는 내용을 담고 있었다. 이후 참가자들은 파트너로부터 두 가지 유형의 답변을 받았다. 첫 번째 유형은 파트너가 복수의 이유를 이해한다는 것이었고, 두 번째 유형은 파트너가 오히려 분개한다는 것이었다. 단순히 받은 만큼 그대로 돌려주는 것이 복수의 목적이고, 또 복수의 만족감을 극대화시키는 결과라면 두 번째 유형의 메시지를 받은 참가자들이 더 높은 만족감을 느껴야 할 것이다. 하지만 결과는 반대로 나왔다. 파트너로부터 복수의 이유를 이해했다는 메시지를 받은 참가자들이 훨씬 높은 수준의 만족감을 나타낸 것이다.[72]

다시 말해 을에게 만족을 보장해주는 가장 중요한 요소는 갑의 진정 어린 반성이다. 을의 복수가 형평성을 깨뜨린 행위의 대가임을 갑이 충분히 이해하고 진심 어린 반성을 하는 것이다. 반성, 즉 자신의 행동을 뉘우치는 행위는 무너진 형평성에 대해 갑이 인정한다는 것을 말한다. 이는 무너진 형평성의 회복을 알려주는 가장 결정적인 증거이자 신호가 될 수 있다. 갑이 진심으로 뉘우치는 것이 을에게 가장 큰 만족을 줄 수 있다는 사실은 복수심의 진짜 목적이 형평성의 회복이라는 주장을 뒷받침해주기도 한다.

그러나 실제로 복수는 갑으로 하여금 진심 어린 뉘우침을 이끌어내는 데 종종 실패하곤 한다. 복수가 가해자로부터 뉘우침을 이끌어내는 데 실패하는 주요 원인이 한 가지 있다. 피해자와 가해자가 경험하는 형평성의 수준이 서로 다르기 때문이다. 한 실험에서는 참가자들에게 자신이 타인 때문에 화가 났던 경험, 자신이 타인을 화나게 했던 경험을 적어보라고 지시했다. 그 결과, 참가자들은 자신이 피해자였던 사건은 상대방 잘못이며 여전히 그 일로 괴로움을 겪는다고 보고했다. 반면 자신이 가해자였던 사건에 대해서도 원인 제공은 피해자가 했으며 그 사건은 그 이후로 잘 마무리되었다고 보고했다.[73]

최근 한 연구에서는 참가자들에게 동일한 복수 상황을 읽고 각각 갑과 을의 관점에서 주관적인 느낌을 이야기하도록 했다. 그 결과 갑과 을은 모두 자신을 피해자로 인식하고 있었다.[74] 이처럼 형평성에 대한 판단은 주관적이다. 얼마든지 각자의 관점에 따라 달라질 수 있는 것이다. 뿐만 아니라, 일반적으로 사람들은 복수를 통해 얻을 수 있는 만족감을 과대 추정하는 경향이 있다. 사실 형평성 회복이라는 임무를 위해 발달한 적응 기제인 복수심이 잘못 작동한 사례는 흔히 볼 수 있다. 이러한 복수심의 오작동은 복수에 대한 또 다른 복수로 이어져 갑과 을 사이에 지속적이고 순환적인 갈등 상황을 발생시키는 원인이 되곤 한다.

이타심의 근원을 보여주는 복수의 심리학

앞서 이야기한 인간의 불공정한 판단 혹은 행위에 대한 처벌 행동을 기억해보자. 복수와 상당히 유사하다는 것을 볼 수 있다. 다시 말하자면 상대방의 불공정한 행위는 상대방과 나 사이에 기대했던 관계의 형평성이 깨지는 상황에서 발생하며, 상대방을 향한 복수심에서 비롯된 처벌 행동은 무너진 관계의 형평성을 다시 회복하려는 동기로부터 시작된다고 할 수 있다. 이런 관점에서 볼 때, 규범 위반자를 응징하고 무질서를 바로잡기 위해 자신의 이익을 포기하는 이타적 처벌자의 심리는 결국 사회관계에서 기대했던 형평성이 무너질 때 이를 회복하고자 하는 복수심과 연결된다고 볼 수 있다.

그런데 처벌자가 기대하는 형평성이란 과연 어떤 것일까? 이 형평성은 어떻게 만들어지며 어떻게 처벌 행동으로 이어지는 걸까? 이러한 질문에 대한 답은 처벌자에게 직접 물어봐도 얻을 수 없다. 처벌자가 상대의 제안을 거절한 이유에 대해 솔직하지 않기 때문일 수도 있지만, 대부분 스스로 그 이유를 명확히 알지 못하기 때문일 수도 있다.

공정성 판단은 미묘한 상황적 요인들에 의해서도 영향을 받을 수 있다. 이 경우 사람들은 자신의 판단이 어떻게 편향되었는지를 지각하지 못하기도 한다. 예를 들어보자. 최근 우리 연구실에서는 최후통첩 게임 상황에서 참가자가 여러 제안자들로부터 각기 다른 액수를 제안 받을 때 이를 수락 혹은 거절하는지 알아보는 실험을 해보았다.[75] 이때 다른 집단을 통해 얻은 제안자들의 얼굴 신뢰도를 기반으로 신뢰도가 높은 제안자와 낮은 제안자로 구분하여 제시했다. 그 결과, 신뢰도가 낮은 얼굴의 제안자일 경우 비교적 공정한 제안임에도 불구하고 참가자들의 거절 확률이 증가했다. 그런데 자신의 거절 행동이 제안자의 얼굴 때문이라고 보고한 참가자는 단 한 명도 없었다. 참가자들은 자신이 선택한 진짜 이유를 숨기고 있는 걸까? 물론 그럴 수도 있지만, 그보다는 자신이 선택한 진짜 이유를 알지 못했을 가능성이 더 크다.

그렇다면 참가자들이 불공정한 제안을 거절한 진짜 이유를 어떻게 알 수 있을까? 동일한 연구에서 참가자들이 제안자에게 제안 받는 동안 이들의 뇌 반응을 fMRI를 사용해 측정해보았다. 그 결과 모든 참가자들이 자신이 제안을 거절한 진짜 이유를 설명하지 못했지만, 참가자들의 뇌 활동은 제안자들의 얼굴 신뢰도에 따라 반응 수준이 민감하게 달라졌고 이들의 행동이 상대방의 외모에 따라 편향된 정도를 정확히 반영하는 것으로 나타났다.

어쩌면 뇌과학은 공정성에 집착하는 인간의 숨겨진 심리를 이해하는 데 유용한 도구가 될 수 있지 않을까? 뇌과학은 이타적 처벌자들의 숨은 심리를 파악하고 이들이 사회를 유지하기 위해 추구하는 가치가 어디서 생겨나는지 알려줄 수 있을지 모른다. 다음 장에서는 불공정한 행위를 처벌하는 이타적 행동의 심리를 이해하는 데 중요한 실마리를 담고 있는 신경학적 증거들을 자세하게 알아보자.

5장
이타주의자의 이기적인 뇌

인간은 예측이 틀렸을 때 감정을 느낀다

—— 뜨거운 주전자에 손을 댈 때, 혹은 불쾌한 냄새를 맡거나 역겨운 맛을 느낄 때 우리 몸에 신호를 보내는 뇌 부위가 있다. 바로 '뇌섬엽insula'이라는 곳이다. 이 부위는 대뇌 피질의 일부지만 다른 부위들과 달리 겉에서 직접 관찰되지는 않는다. 전전두피질frontal cortex과 측두피질temporal cortex을 가르는 실비안 주름sylvian fissure을 펼쳐야만 보일 정도로 아주 깊숙한 곳에 위치해 있다.

뇌섬엽은 대뇌 피질의 일부이기는 하지만 다른 대뇌 피질 부위들로부터 떨어져서 고립되어 있는 것처럼 보인다. 이런 까닭에 라틴어로 섬island을 가리키는 '섬insula'이라는 이름이 붙여졌다. 뇌섬엽의 기능은 최근에 이르러서야 비로소 뇌 영상 연구들을 통해 비교적 구체적으로 알려지기 시작했다.

뇌섬엽은 우리가 뜨거운 주전자에 손을 대는 것처럼 통증을 유발하는 자극에 노출되었을 때 그 전기 신호를 받는 첫 번째 대뇌 피질 영역으로도 잘 알려져 있다. 또한 불쾌한 냄새나 맛 등에 민

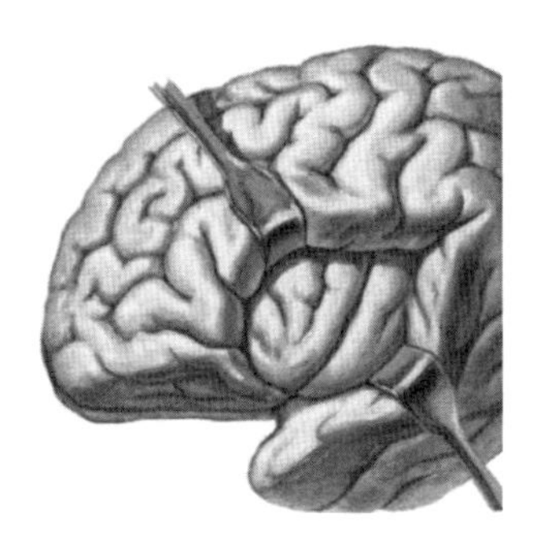

■ 뇌 표면 밑에 숨겨진 뇌섬엽

감하게 반응하는 대표적인 뇌 영역으로 손꼽힌다.[76] 이렇게 직접적이고 물리적인 자극뿐만 아니라 사고로 끔찍하게 훼손된 시신의 사진이나 더러운 장면 등과 같이 좀 더 간접적이고 추상적인 수준의 시각적 자극에 대해서도 뇌섬엽은 반응한다. 대표적인 예로 타인이 역겨워하는 표정을 볼 때를 들 수 있다.

역겨운 표정은 무언가 불쾌한 자극을 경험하고 있는 타인의 감정을 전달한다. 어느 뇌 영상 연구에서는 역겨운 표정을 짓는 사람의 얼굴을 볼 때 뇌섬엽의 활동이 증가하는 것으로 밝혀졌는데, 이 부위는 자신이 직접 역겨운 냄새를 맡을 때 반응하는 영역이기도 했다.[77] 뇌섬엽은 단순히 불쾌한 자극에 반응하기만 하는 것이 아니다. 이 부위가 손상되면 타인의 역겨운 표정을 인식하는 데 어려움을 겪기도 한다.[78]

우리 몸의 항상성을 유지하기 위한 기관

감각 신호라고 하면 흔히 시각, 청각, 촉각 등만 떠올리기 쉽다. 그러나 우리 뇌가 전달받는 감각 신호는 이러한 감각 정보뿐 아니라 몸의 내부에서 오는 신호 역시 포함한다. 즉 심장, 폐 등과 같이 여러 장기에서 보내는 신호들이 끊임없이 뇌로 전달되는 것이다. 그리고 뇌는 좀 더 효율적으로 장기들이 제 기능을 수행하도록 조절하는 신호를 다시 장기들로 전달한다.

뇌섬엽은 흥미롭게도 우리 몸의 장기들로부터 오는 내부 감각 신호들이 가장 많이 통합되는 대표적인 뇌 영역이다. 그래서 흔히 '내장 관련 피질visceral cortex'이라고도 불린다.[79] 뇌섬엽의 내부 감각 정보 처리 기능을 여실히 드러내주는 연구 결과를 하나 살펴보자. 실험에서는 먼저 특수 장비를 사용해 참가자들의 심장 박동수를 특정 리듬을 가진 음으로 변환하였다. 그리고 실험 참가자들에게는 헤드폰을 통해 들리는 특정 음들의 리듬이 자신의 심장 박동수와 일치하는지 아닌지를 판단하도록 지시했다. 이는 의식적으로 내부 감각 정보를 읽어내는 능력을 검사하는 테스트인 셈이다.

실험 결과, 참가자들 간에 큰 개인차가 존재한다는 사실이 드러났다. 어떤 사람은 다른 사람들에 비해 현재 자신이 듣고 있는 리듬이 자신의 심장 박동수와 같은지 아닌지를 비교적 정확하게 구분해낸 것이다. 이들에게는 어떤 특성이 있는 것일까? 실험을 진행하는 동안 사람들의 뇌 반응을 fMRI를 통해 측정해보았는데, 그 결과 자신의 심장 박동수를 상대적으로 정확히 감지해내는 사람은 그렇지 못한 사람에 비해 뇌섬엽의 활동이 활발하게 나타났다.[80]

우리는 내부 장기들로부터 오는 비교적 일정한 신호에 거의 항상 노출되어 있기 때문에 이 신호에 매우 익숙해진다. 즉 이러한 신호를 의식적으로 느끼는 것은 그리 쉽지 않다. 하지만 체내 항상성이 위협받는 상황에서는 사정이 달라질 수 있다. 배고픔이나 통증이 뇌로 전달되는 상황을 생각해보자. 내부 장기들로부터 오는 신호는 뇌로 전달됨으로써 음식을 찾거나 통증을 피하는 등의 행동을 촉발한다. 이렇게 신체 내에서 중요한 변화가 일어났을 때, 뇌섬엽은 이를 감지해내는 역할을 담당하는 것으로 보인다.

다양한 신체적 변화들을 한데 묶어 '체내 항상성의 붕괴'라는 개념으로 설명해볼 수도 있다. 우리의 신체는 늘 항상성을 유지하려고 하는 강한 동력을 지닌다. 항상성 유지가 생존과 직결되어 있기 때문이다. 그러므로 이런 항상성이 무너지는 사건을 신속하게 알리고 이를 회복하기 위한 행동을 촉발하는 신경 회로는 생존에 매우 중요한 기능을 담당한다고 할 수 있다.

감정에 대한 흥미로운 해석

우리는 평소에 내부 감각 신호를 거의 느끼지 못한다. 이러한 신호는 대부분 무난하게 예측 가능한 것들이기 때문이다. 우리가 인식하지 못할 때에도 우리 뇌는 끊임없이 신체로부터 오는 내부 감각 신호를 모니터링하고 예측하고 있다. 최근 소개된 유명한 이론에서는 우리 뇌가 일종의 '예측 기계predictive machine'라고 주장한다.[81] 우리 뇌는 외부 환경과 신체 내부로부터 오는 모든 종류의 신호를 끊임없이 감시하고 예측하기 위해 작동한다는 것이다. 또한 이 이론에 따르면 우리 뇌가 활동하는 이유는 바로 이런 예측이 실패할 때 예측 오류predictive error를 줄여주기 위해서라고 한다. 예를 들어 우리가 밤길을 걷다 갑자기 옆에서 난 바스락거리는 소리에 고개를 돌려 확인하는 이유는 예측하지 못한 소리의 원인을 파악하기 위한 행위다. 그러고 나서 길고양이를 발견하면 비로소 예측 오류는 해소되고, 다음번에는 똑같은 소리를 들어도 예측 오류 없이 더 이상 고개를 돌리지 않을 수 있다. 우리 뇌는 뇌로 들어오는 모든 신호에 대해 완벽하게 예측 가능한 세상의 모형을 만들고자 끊임없이 노력하지만 이는 불가능한 목표일 수밖에 없고, 따라서 뇌의 활동은 끊임없이 지속될 수밖에 없다.

한편 이 이론은 우리의 감정에 대해서도 흥미로운 해석을 제시한다. 우리 뇌는 신체로부터 오는 모든 내부 감각 신호를 끊임없이 감시 또는 예측하고 있으며 이러한 예측이 어긋나는 순간, 감정을 경험한다는 것이다.[82] 즉, 뇌가 내부 감각 신호들을 완벽하게 예측할 경우에는 별다른 감정을 느끼지 못하며, 감정을 경험한다는 것은 결국 뇌가 내부 감각 신호를 예측하는 데 실패했음을 의미한다.

이러한 주장에 따르면, 예측이 실패했음을 감지하여 추가 정보를 수집하거나 혹은 예측을 수정해 예측력을 높이려는 것이 감정의 주요 기능이라고 볼 수 있다. 내부 감각 신호에 대한 예측력이 높아지면 어떤 이로움이 있을까? 아마도 가장 큰 장점은 체내 항상성이 붕괴되기 전에 이를 방지할 수 있다는 점일 것이다. 어쩌면 우리의 뇌는 체내 항상성을 최대한 빨리 예측하고 이를 사전에 방지하기 위한 책략을 끊임없이 개발하는 방향으로 진화하고 발달해온 것은 아닐까? 최대한 일찍 정확하게 체내 항상성을 예측하려는 목표야말로 끊임없이 뇌가 진화하도록 만든 주요 원동력일 수 있다.

다양한 종류의 내부 감각 신호들을 통합하는 뇌섬엽은 감정 경험과 가장 밀접하게 관련된 뇌 영역 중 하나다. 어쩌면 뇌섬엽은 신체 다양한 부위의 상태를 한눈에 볼 수 있는 일종의 상황판에 비유할 수 있다. 신체의 어느 부분에서 현재 급박한 상황이 발생하고 있는지, 이 상황판으로 신속하게 확인할 수 있다. 물론 이렇게 상황판을 통해 문제를 파악했다면 문제 해결을 위한 적절한 조치가 필요하다. 뇌섬엽은 전전두피질과 구조적으로도 강하게 연결되어 있으며 이러한 연결을 통해 두 부위는 서로 긴밀하게 상호작용한다. 내부 감각 신호와 전전두피질을 연결하는 뇌섬엽의 해부학적 특징을 고려할 때, 내부 감각 신호를 예측하고 오류를 탐지하여 예측치를 수정하는 과정에서 뇌섬엽이 핵심 역할을 한다고 볼 수 있다. 체내 항상성의 불균형을 감지해 이를 해소하고, 항상 균형 상태를 유지하는 최적의 선택을 하기 위해 뇌섬엽은 아마 중요한 역할을 담당할 것이다. 그럼 다음 장에서는 이러한 뇌섬엽의 기능이 타인과의 복잡한 사회관계에서는 어떤 기능을 담당하는지 살펴보도록 하자.

불공정성을 판단하는 것은 이성인가 감정인가

—— 최후통첩 게임에서 응답자들이 불공정한 제안을 거절하는 이유에 대해서는 오랫동안 논쟁이 있어왔다. 거절은 치밀한 계산에 의한 이성적 판단이 아니라 감정적인 충동에서 비롯된다는 것을 증명할 결정적인 증거가 부족했기 때문이다. 이러한 논란을 어느 정도 가라앉히는 데 가장 결정적인 역할을 한 것은 fMRI를 사용한 뇌 영상 연구였다.

2003년에 행해진 이 뇌 영상 연구에서는 최후통첩 게임을 사용하여 응답자의 역할을 수행하는 참가자들의 뇌 반응을 관찰했다. 이 실험에서 참가자는 fMRI 장비 안에 누운 채 눈 위에 부착된 거울에 비친 컴퓨터 화면을 통해 여러 제안자들과 최후통첩 게임을 실시했다. 게임이 시작되자 제안자의 얼굴과 이름이 먼저 제시되었다. 잠시 후 제안자가 10달러 중 8달러를 자신이 갖고 참가자에게는 2달러를 제시한다는 글이 화면에 나타났다. 바로 이때, 즉 제안자로부터 불공정한 금액을 받는 순간에 참가자의 뇌섬엽은 급격하게 반응을 보였다.[83]

뇌섬엽은 제안자의 제안 금액이 9:1 정도의 비율로 불공정했을 경우 가장 높은 수준의 반응을 나타냈고, 8:2 정도의 불공정한 제안에 대해서는 이보다 약간 낮은 수준의 반응을 보였다. 그러나 제안 금액이 5:5의 비율로 공평하게 주어질 경우에는 거의 반응하지 않았다. 또한 불공정한 금액에 대해서 뇌섬엽의 반응 수준이 높았던 응답자는 제안을 거절할 확률도 높았다.

앞서 뇌섬엽은 다양한 신체 기관에서 오는 신호를 통합해 체내 항상성에 문제가 생기지는 않는지 감지 혹은 예측을 해서 뇌가 다시 균형 상태를 잃지 않도록 하는 기능을 담당한다고 언급했다. 따라서 이 연구 결과는 앞으로 예상되는 체내 항상성의 불균형을 미리 감지한 뇌섬엽의 활동이 최후통첩 게임에서 제안자의 불공정한 제안을 거절한 원인일 수 있음을 보여준다. 또한 지금까지 알려진 바와 달리 논리적이고 이성적인 사고의 결과로 여겨졌던 불공정성 판단 역시 신체 내부에서 전달된 무의식적 신호를 토대로 한 감정 반응에 크게 영향 받고 있음을 잘 보여준다. 부당함을 목격할 때 자신도 모르게 '욱'하고 치밀어 오르는 이 감정 반응은, 어쩌면 신체가 뇌로 보내는 무의식적 신호를 감지한 뇌섬엽의 활동 때문일지도 모른다.

결정을 위한 결정을 내리는 것

현대 심리학자들은 의사결정이 크게 두 종류의 정보 처리 과정을 통해 이루어진다는 견해에 대부분 동의한다. 하나는 익숙한 작업을 수행하는 동안 거의 자동적, 습관적으로 빠르게 정보를 처리하는 기제이다. 또 다른 하나는 이보다 느리지만 좀 더 분석적, 논리적인 과정을 거쳐 정보를 처리하는 기제이다. 2002년 노벨상을 받은 대니얼 카너먼Daniel Kahneman 교수와 함께 연구했던 아모스 트버스키Amos Tversky 교수는 전자를 '시스템 1', 후자를 '시스템 2'라고 명명한 바 있다.[84] 우리 뇌는 최대한 에너지를 아끼려고 노력하는 인지적 구두쇠로서, 별다른 일이 없는 한 에너지 소모가 가장 적은 시스템 1을 통해 정보를 처리하고 의사결정을 하고자 한다. 하지만 해결해야 하는 문제가 시스템 1의 작동만으로는 부족한 위급 상황일 경우에는 에너지 소모를 감수하고라도 시스템 2를 가동해야 한다.

앞서 언급한 것처럼 뇌는 척수를 거치는 반사 신경 회로부터 전전두피질을 사용하는 고위 인지 기능 회로에 이르기까지 복잡한 계층 구조를 가진다. 따라서 어느 영역이 시스템 1, 혹은 시스템 2에 해당하는지는 설명하고자 하는 행동에 따라 달라질 수밖에 없다. 그럼에도 많은 뇌과학자들은 시스템 2의 역할을 수행하는 뇌 영역으로는 가장 먼저 전전두피질, 그중에서도 '외측 전전두피질lateral prefrontal cortex'을 주저없이 꼽는다. '중앙 집행 기제central executive system'라고도 불리는 이 부위는 주로 복잡하고 정교한 논리적 추론이나 사고를 요구하는 상황에서 높은 활동 수준을 보이는 것으로 알려져 있다. 또한 자기통제 능력과도 밀접하게 관련되어 있다.[85] 반대로 시스템 1의 역할을 수행하는 부분은 이미 앞서 여러 차례 언급된 복내측 전전두피질이라 할 수 있다.

시스템 1과 시스템 2의 의사결정 모형은 매우 그럴싸하게 들린다. 그러나 의사결정의 핵심이라 할 수 있는 특징을 설명하기에는 취약한 면이 있다. 과연 시스템 1에서 시스템 2로의 전환은 누가 결정하는가? 여기서 '결정을 위한 결정'이 필요해진다. 다시 말해 시스템 1을 사용하는 결정과 시스템 2를 사용하는 결정 중 어떤 의사결정 모드를 사용할 것인지 결정할 방법에 대해서는 이 모형은 말해주지 못한다. 그런데 시스템 1에 비해 상대적으로 에너지 소비가 큰 시스템 2를 사용하는 모드로의 전환은 중대한 상황일 경우에만 실행되어야 한다. 유기체에게 있어 이러한 중대한 결정을 내리기에 가장 적합한 후보는 누굴까? 바로 생존과 가장 밀접하게 관련된 체내 항상성의 붕괴 여부를 제일 먼저, 가장 민감하게 감지할 수 있는 뇌섬엽일 것이다.

뇌섬엽이 '결정을 위한 결정'을 내리는 데 중요한 역할을 한다는 증거들이 있다. 다음 실험을 살펴보자. 이 실험에서는 참가자 앞에 놓인 컴퓨터 모니터에 2초에 한 번씩 파란색 혹은 초록색의 원이

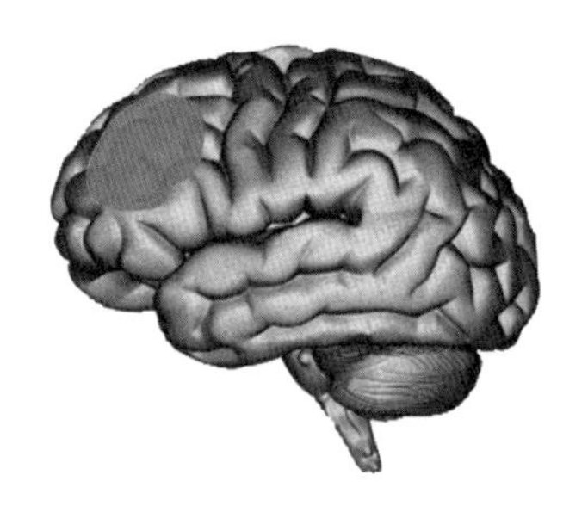

■ 외측 전전두피질의 위치

짧게 제시된다. 참가자는 파란색 원이 나오면 검지, 초록색 원이 나오면 중지를 사용해서 버튼을 눌러야 한다. 아주 단순한 실험이지만 총 200회 중 초록색 원이 나오는 횟수가 40회에 불과하고, 나머지 160회에는 모두 파란색 원이 제시된다면 어떨까?

아마도 초록색 원이 나올 때 주의를 집중하지 않으면 실수를 저지르기 쉬울 것이다. 계속해서 파란색 원이 나오다가 갑자기 초록색 원이 나오는 순간 fMRI를 사용하여 뇌 반응을 측정해보았더니 뇌섬엽의 활동이 관찰되었다. 뿐만 아니라, 뇌섬엽 활동의 증가는 인지적 통제 기능을 담당하는 외측 전전두피질 활동의 증가로 이어졌다. 다시 말해 뇌섬엽의 활동이 증가하면 우리 뇌는 직관적이고 자동적인 정보 처리 모드를 떠나 논리적이고 분석적인 정보 처리 모드, 즉 시스템 2를 사용하는 의사결정 모드로 전환되는 것으로 보인다.[86] 신체 항상성에 대한 현재의 예측 모형이 문제가 있음을 가장 먼저 감지할 수 있는 곳은 신체 상태에 대한 상황판인 뇌섬엽

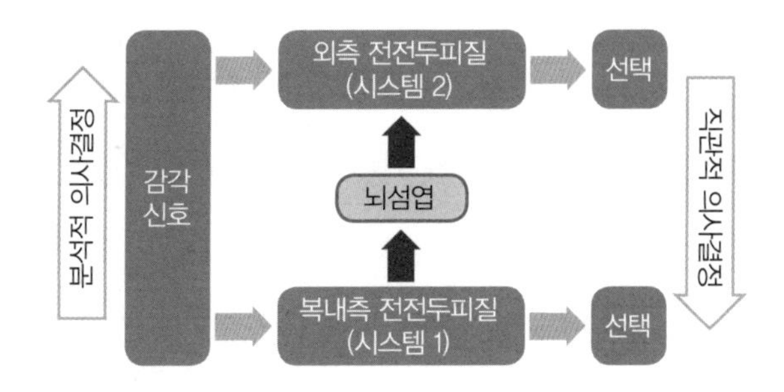

■ 시스템 1(직관적 의사결정)로부터 시스템 2(분석적 의사결정)로의 전환을 담당하는 뇌섬엽

이다. 그리고 변화한 환경에 따라 이번엔 어떤 선택을 해야 신체 항상성을 유지할 수 있을지를 시뮬레이션해볼 수 있는 곳 또한 뇌섬엽일 수 있다. 끊임없이 변화하는 환경 속에서도 유연하게 생존에 유리한 선택을 계속해서 찾아내기 위해서는 신체 상태에 대한 정교한 모니터링이 필수이기 때문이다.

불공정한 제안을 받을 때 반응이 느려지는 이유

여기서 흥미로운 사실이 하나 있다. 최후통첩 게임을 사용한 뇌 영상 실험에서 불공정한 제안에 높은 반응을 보였던 영역 가운데는 뇌섬엽뿐만 아니라 외측 전전두피질도 포함되어 있었다는 점이다. 불공정한 제안에 외측 전전두피질이 활성화된 이유는 무엇일까?

외측 전전두피질이 합리적이고 논리적인 추론이나 인지적 통제 기능과 관련된다는 이전 연구 결과들을 떠올려보자. 이를 근거로 불공정한 제안에 대한 불쾌감을 억누르고 좀 더 냉정하게 판단하고자 이 부위가 활성화되는 것이라고 해석해볼 수도 있다. 만약 이런 해석이 가능할 경우, 이 부위의 활동을 증가시키면 사람들은 좀 더 합리적으로 생각하고 불공정한 제안도 수락할 것으로 예상할 수 있다. 반대로 이 부위의 활동을 약화시키면 사람들은 불공정한 제안에 대해 더 크게 분노하게 되고 더 높은 거절율을 보일 것이라 추측할 수 있다. 과연 그럴까? 이런 해석은 단순하고 명쾌하게 들리지만 애석하게도 실제 실험 결과는 완전히 반대로 나타났다.

이 실험을 위해서는 'TMSTranscranial Magnetic Stimulation(경두개 자기 자극 기법)'라는, 생소한 이름의 장비가 사용되었다. 이것은 순간적으로 강력한 자기장을 대뇌 피질 표면에 형성시켜 대뇌 피질 표면에 위치한 신경세포들의 기능을 잠시 정지시킬 수 있다. 마치 공포 영화 속의 이야기처럼 들리지만 사실 이 장비는 그리 위험한 것은 아니다. TMS를 통해 짧은 뇌 기능 정지 신호를 받는 참가자는 전혀 고통을 느끼지 못하고, 신호를 받은 뒤 30분 정도 지나면 다시 완벽하게 정상 상태로 돌아온다. 인공적으로 원하는 부위가 손상된 환자를 만들 수 있다는 장점 때문에 이 장비는 연구에 도입되자마자 큰 인기를 끌었다.

이 TMS를 이용한 최후통첩 게임 연구에서 응답자들의 외측 전전두피질에 뇌 기능 정지 신호를 보낸 후 곧이어 불공정한 제안액을 받았을 때의 행동 반응을 관찰해보았다.[87] 그 결과, TMS 처치를 받은 실험 집단의 경우 동일한 불공정한 제안액을 수락할 확률이 TMS 신호를 받지 않은 통제 집단에 비해서 월등하게 높은 것으로 나타났다. 이는 애초의 추측을 뒤엎는 결과라 할 수 있다. 주로 자기통제 기능을 담당하는 것으로 알려진 외측 전전두피질이 불공정한 제안에 대해 부정적인 정서 반응을 억누르고 수락하도록 만들었을 것이라는 추측은 빗나갔다. 오히려 논리적 추론 기능과 관련된 것으로 알려진 외측 전전두피질의 기능이 손상될 경우, 이익의 극대화라는 경제학에서 말하는 '합리적' 선택을 했다. 그런데 외측 전전두피질의 기능이 정지된 상태에서 상대방의 불공정한 제안을 수락한 것은 과연 합리적인 결정이였을까? 혹시 결정을 통해 얻을 수 있는 보상으로 금전적 보상만 고려했기 때문은 아닐까? 불공정하더라도 수락하는 선택이 과연 나와 상대방의 건강한 사회관계를 위한 현명한 선택이라 할 수 있을까?

굳이 뇌 반응을 측정하지 않더라도 사람의 심리를 알아볼 수 있는 보다 간편한 또 다른 방법이 있다. 바로 반응 시간이다. 직관적이고 자동적인 시스템 1과 분석적이고 논리적인 시스템 2 간의 중요한 차이점은 바로 처리 시간, 혹은 반응 시간이라 할 수 있다. 다시 말해 시스템 1이 시스템 2에 비해 처리 속도가 빠르다고 가정할 때, 시스템 2를 사용하는 합리적이고 논리적인 선택은 좀 더 시간

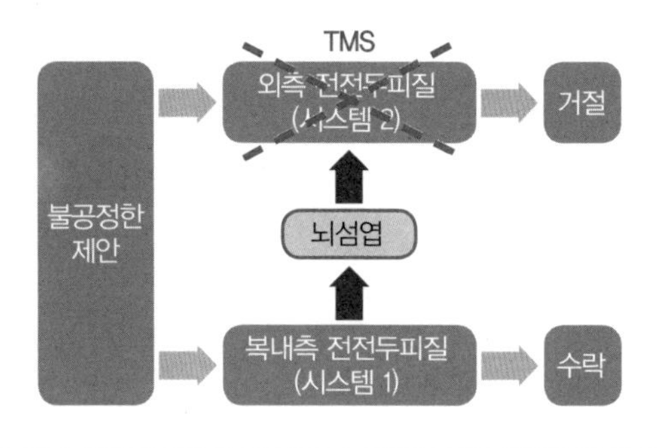

■ 외측 전전두피질에 TMS 처치를 할 경우 불공정한 제안에 대한 거절 확률을 높이는 신경학적 경로

이 오래 걸릴 것으로 예상할 수 있다. 그렇다면 앞서 소개된 TMS 연구에서 외측 전전두피질 기능이 정지된 응답자가 불공정한 제안을 수락하기로 결정할 때 통제 집단의 응답자가 같은 제안을 거절하기로 결정할 때보다 시간이 더 오래 걸릴까? 혹시 분석적인 계산에 관여하는 외측 전전두피질이 손상됨에 따라 정보를 처리하는 데 효율성이 떨어지면서 더 큰 노력이 필요해지는 것은 아닐까?

이번에도 예상은 보기 좋게 빗나가버리고 만다. 외측 전전두피질에 TMS 처치를 받은 집단은 불공정한 제안을 받을 경우에도 공정한 제안을 받을 때와 마찬가지로 신속하게 수락을 선택하는 것으로 관찰되었다. 오히려 외측 전전두피질이 정상적으로 작동하는 통제 집단의 경우 공정한 제안을 수락할 때보다 불공정한 제안을 거절할 때 반응 시간이 길었다.

신속한 결정이 요구되는 상황에서 반응 속도가 느려질 경우, 서로 경쟁하는 반응들 간의 충돌이 원인일 가능성이 높다. 다시 말해 불공정한 제안을 받을 때 반응이 느려진다는 것은 경쟁적인 둘 이상의 선택이 서로 상충하고 있음을 암시한다. 그리고 이러한 갈등을 해소하기 위해 추가적인 정보 처리 과정, 즉 시스템 2가 가동하고 있다는 뜻이기도 하다. TMS 처치 집단의 경우 통제 집단에 비해 불공정한 제안을 수락할 확률이 높았고 반응 속도 역시 빨랐다.

이런 사실로 미루어볼 때, 불공정한 제안을 거절하는 선택은 감정적일 수는 있지만 직관적이거나 자동적인 처리 과정은 아닌 것으로 보인다. 오히려 반대로 더 높은 인지적 통제 능력과 추가적인 정보 처리 과정을 요구하는 선택으로 볼 수 있다. 외측 전전두피질은 추가적인 정보 처리를 통해 선택들 간의 충돌을 해소하는 역할을 담당하는 것으로 보인다. 그렇다면 여기서 다음과 같은 질문이 가능하다. 금전적 이익을 얻으려는 선택과 상충하는 또 다른 선택이 추구하는 가치는 과연 뭘까?

더 높은 사회적 지위를 얻는 방법

외측 전전두피질이 최후통첩 게임에서 분석적이고 논리적인 시스템 2의 역할을 수행한다고 했던 것을 기억하는가? 그렇다면 동일한 상황에서 직관적이고 자동적인 시스템 1은 과연 어떤 역할을 할까? 이 질문에 대한 해답은 복내측 전전두피질이 손상된 환자들을 대상으로 실시한 최후통첩 게임을 통해 처음 알려지기 시작했다. 흥미롭게도 복내측 전전두피질이 손상된 환자들은 최후통첩 게임에서 정상인들보다 오히려 더 높은 비율로 불공정한 제안을 거절했다.[88] 어째서일까?

이러한 결과가 처음 관찰되었을 때, 연구자들은 이 부위가 손상되면 불공정한 제안을 받을 경우 공격성과 같은 부정적인 감정이 증가하기 때문에 거절율이 높아진다고 해석했다. 이후 또 다른 연구가 행해지면서 최후통첩 게임을 할 때 복내측 전전두피질이 어떤 기능을 하는지 좀 더 구체적으로 밝혀졌다. 이 연구에서도 역시 복내측 전전두피질이 손상된 환자들은 앞서 소개된 연구와 같은 반응을 보였다. 컴퓨터 화면을 통해 제안 금액을 숫자로 표시해 보여줄 경우에는 정상인보다 제안을 거절할 확률이 높았던 것이다. 그런데 같은 연구에서 이번엔 제안 금액을 건네줄 때 봉투에 현금을 넣어 제시하자 불공정한 제안에 대한 수락율이 증가했다. 심지어 이때는 정상인과 거의 유사한 비율로 제안을 수락했다.[89]

과연 컴퓨터 화면의 숫자와 실제 지폐 사이에는 어떠한 차이가 있을까? 정상인에게 이 둘은 그다지 차이가 없다. 컴퓨터로 제시되는 금액을 보상으로 지각하고 실제로 갖고 싶은 마음이 드는 것은 놀라운 일이 아니다. 실제로 대부분의 사람들은 이러한 과정에 별 어려움을 느끼지 않는다.

하지만 조금만 깊이 생각해보면 컴퓨터 화면에 나타난 숫자를 보상으로 지각하는 일은 여러 단계로 이루어진 상당히 복잡한 추론 과정을 요구한다는 것을 알 수 있다. 예를 들어 컴퓨터의 숫자가 돈이라는 익숙한 개념과 연관된다는 실험자의 지시를 이해하고, 현금을 얻으면 그동안 갖고 싶었던 물건을 구입할 수 있다는 점도 인식할 수 있어야 한다.

그렇지만 우리들은 대부분 오랫동안 경험을 통해 이와 유사한 상황들을 수도 없이 반복적으로 학습해왔다. 그 덕분에 이러한 복잡한 추론 과정을 매번 고민하며 다시 되풀이할 필요가 없을 뿐이다. 이렇게 모든 추론 단계를 건너뛰면 화면에 나타나는 숫자는 나를 즉각적으로 흥분시키기에 충분한 신호가 된다.

우리가 대부분 당연하게 받아들이는 빠른 가치 환산 과정이 이뤄지기 위해 반드시 필요한 뇌 부위는 복내측 전전두피질일 것이다. 그렇다면 최후통첩 게임에서 복내측 전전두피질이 계산하는 가치는 제안자로부터 받은 제안의 금전적 가치뿐이었을까? 이 질문에 대한 답을 위해 또 다른 연구에서는 공정성 비율은 동일하게 유지하되 제안 액수는 다르게 변화시키면서 뇌 반응을 관찰해보았다. 그 결과, 제안의 절대적인 금액과는 상관없이 공정한 배분일 경우에 복내측 전전두피질이 가장 높게 활성화되는 것을 확인할 수 있었다.[90]

앞서 복내측 전전두피질은 다양한 보상을 하나의 공통된 화폐로 환산해 비교하도록 해준다고 설명했다. 최후통첩 게임에서 제안 받는 사람이 기대하는 보상은 두 가지이다. 하나는 금전적 보상이고, 다른 하나는 공정함이라는 보상이다. 이 두 보상은 모두 복내측 전전두피질을 통해 공동 화폐로 환산될 수 있다. 불공정한 제안을 받을 때 금전적 보상에 대한 기대는 수락을 재촉하지만 공정성이라는 보상에 대한 기대는 거절을 재촉한다. 바로 충돌이 발생하는 시점이다.

타인의 제안을 거절하는 것은 언제나 쉽지 않다

TMS를 사용해 외측 전전두피질의 기능을 정지시킨 후 최후통첩 게임을 하는 동안 뇌에서 일어나는 활동의 변화를 fMRI를 통해 관찰한 연구가 있다.[91] 이 연구에서도 역시 이전 연구와 마찬가지로 외측 전전두피질의 기능을 정지시킬 경우 불공정한 제안을 받아들일 가능성이 높아진다는 사실을 다시 한 번 확인할 수 있었다. 그렇다면 증가한 외측 전전두피질의 활동은 어떠한 경로를 거쳐 불공정한 제안을 거절하는 선택으로 이어지게 될까?

이 질문에 대한 답을 찾기 위해 외측 전전두피질과 상호작용을 하는 뇌 부위들을 찾아보는 분석을 해보았다. 그 결과, TMS를 받지 않았던 참가자들은 불공정한 제안을 받는 순간, 복내측 전전두피질과 외측 전전두피질 간의 기능적 연결성이 순간적으로 증가하는 것을 관찰할 수 있었다. 반면 TMS를 받았던 참가자들에게서는 이 두 부위 간에 기능적 연결성이 관찰되지 않았다. 즉 제안액의 금전적 가치를 계산하는 복내측 전전두피질은 제안액을 수락하려는 직관적인 반응을 촉발시킨다. 그러나 이때 외측 전전두피질의 활동이 증가하여 이 부위는 복내측 전전두피질로 신호를 보내 수락을 거절로 바꾸어버리는 것이다.

외측 전전두피질이 복내측 전전두피질로 보내는 신호는 아마도 금전적 보상의 가치와 경쟁에서 밀리는 또 다른 보상의 가치에 힘을 실어주는 것으로 보인다. 불공정에 순응하고 금전적 보상을 추구하려는 선택에 제동을 거는 것이다. 이 신경 회로의 상호작용에는 '불공정성에 대한 항거'라는 중요한 사회적 행위의 비밀이 숨어 있다. 불공정한 제안이건 공정한 제안이건 타인으로부터의 제안 혹은 협상을 거절하는 일은 언제나 쉬운 결정이 아니다. 불공정한 제안을 거절할 때에는 반응 속도가 느려지고 외측 전전두피질의 활동 수준이 증가하는 사실에서도 볼 수 있듯이, 우리가 누군가의 제안을 거절하는 데에는 상당한 노력이 필요하다.

앞서 뇌섬엽이 시스템 1에서 시스템 2로 의사 결정 모드를 전환시키는 역할을 담당한다고 했다. 불공정한 제안에 대해 뇌섬엽의 반응이 높아지면 이는 외측 전전두피질의 활동을 촉발해 거절 행동을 만들어낸다. 뇌섬엽은 불공정한 제안이 미래에 신체 항상성의 불균형으로 이어질 수 있을지를 알아보기 위해 신체에서 오는 신호들을 토대로 빠르게 시뮬레이션해볼 수 있다. 그리고 불균형이 예상되면 외측 전전두피질로 신호를 보내 수락이라는 좀 더 쉽고 우세한 반응을 억누르고 이보다 노력이 요구되는 선택에 무게를 실어주는 것처럼 보인다.

아마도 이때 제안을 수락하려는 충동이 강한 사람은 그렇지 못한 사람에 비해 제안을 거절하는 데 더 큰 노력이 요구될 것이다. 반대로 금전적 보상에 대한 가치가 강하게 학습되지 않았거나, 이보다는 공정성이라는 가치를 더 강하게 학습해온 사람은 비교적 적은 노력만으로도 수락을 거절로 바꿀 수 있을 것이다.

자존감이 강한 사람이 더 정의롭다?

최근 한 연구에서 흥미로운 결과를 소개했다. 최후통첩 게임을 수행하는 동안 제안을 받는 사람의 사회적 지위에 따라 상대방의 불공정한 제안에 대한 반응이 달라진다는 것이다.[92] 이 연구에서 참가자들은 최후통첩 게임을 수행하는 동안 중간에 가끔씩 간단한 수학 계산을 진행했다. 그리고 각 참가자들에게 성적에 따라 매긴 순위를 제시했고 각 참가자는 다른 이들과 비교해서 상대적으로 순위가 높은 조건과 낮은 조건을 모두 경험할 수 있도록 조작했다.

이 연구의 목적은 상대방보다 비교적 우월한 위치를 얻은 상황에서 불공정한 제안에 대한 반응이 달라지는지 확인하는 것이었다. 실험 결과, 예상대로 계산 능력 면에서 상대적으로 높은 지위를 얻었던 참가자들은 불공정한 제안을 거절할 확률이 증가했다. 뿐만 아니라, 상대적으로 우월한 지위를 얻게 되었을 때 불공정한 제안을 거절할 확률이 증가했던 참가자의 경우 뇌섬엽의 반응도 역시 높았던 것으로 나타났다.

불공정하게 적은 액수를 수락하고자 하는 선택이 좀 더 충동적이고 직관적이라면, 거절을 통해 추구하고자 하는 가치는 '나의 자존감을 높이려는 욕구'가 아닐까? 위의 연구 결과를 한번 생각해보자. 사실 수학 계산 과제는 최후통첩 게임과 거의 관련성을 찾기 어렵다. 그럼에도 불구하고 그 과제를 통해 높아진 자존감이 상대방의 불공정한 행위에 대항할 힘을 더해주는 것처럼 보인다. 어쩌면 자존감은 최후통첩 게임에서 공정성의 가치를 추구하는 노력의 중요한 원동력이 될 수 있으며, 불공정한 상황에서 충동적인 선택을 억누르고 이를 대신해 추구하려는 대안적 가치가 된다.

자존감이라는 이름으로 불공정한 처사에 맞서 대항할 힘을 제공하는 신경 신호는 우리 뇌의 어떤 작동과 관련될 수 있을까? 이 질문에 대한 해답은 단순히 불공정한 행위에 반응하는 뇌 부위를 찾아보는 것을 넘어서, 인간의 본성을 이해하는 데 중요한 실마리를 줄 수 있지 않을까?

이러한 질문에 흥미로운 실마리를 제시하는 연구 결과가 있다. 이 연구에는 성 호르몬인 테스토스테론의 수준이 높은 남성들과 낮은 남성들이 최후통첩 게임에 참여했다. 실험은 제안자의 불공정성 여부에 따라 이들이 어떻게 반응하는지를 살펴보는 식으로 진행되었다.[93]

흔히 테스토스테론은 인간을 포함한 여러 다양한 종들에게서 공격성과 경쟁심을 증가시키는 것으로 알려져 있다. 실제로 테스토스테론의 수준이 높은 남성 참가자들은 불공정한 제안을 준 상대에게 통제 집단(테스토스테론 수준이 낮은 남성들)에 비해 더 높은 처벌을 내렸다. 하지만 흥미롭게도 공정한 제안을 한 상대에게는 통제 집단보다 더 높은 보상을 주었다. 이 결과는 테스토스테론의 기능이 단순히 공격성을 증가시키는 것 이상이라는 사실을 보여준다.

동물들을 대상으로 밝혀진 연구 결과에 따르면 수컷들의 테스토스테론 수준은 개체의 사회적 지위와 높은 정적 상관관계를 보인다고 한다.[94] 테스토스테론이 높은 남성들이 더욱 높은 공격성을 보이는 것은 어쩌면 불안정한 집단 생활 속에서 우월한 위치를 얻기 위한 노력의 결과일지 모른다.

고도로 복잡해진 인간 사회에서는 높은 사회적 지위를 얻기 위해 경쟁자를 물리치는 공격적 행동보다 오히려 자신을 낮추고 상대방을 감싸는 관대함이 더 성공적인 전략이 될 수 있다. 따라서 불공정한 제안자를 향한 높은 공격성과 공정한 제안자를 향한 관대함은 사회적 지위를 높이고자 하는 하나의 동기에서 비롯되었을 수 있다. 또한 이는 도덕성과 이타성을 아우르는 중요한 동기일 수 있다.

지금까지 자존감을 높이려는 욕구, 다시 말해 타인으로부터 인정받고자 하는 욕구가 도덕적 판단, 불공정성에 대한 항거, 그리고 이타적인 행동에 이르기까지 다양한 사회적 행동의 동기가 될 수 있음을 알아보았다. 여기서 한 가지 의문이 생긴다. 그렇다면 부당한 권력에 희생당하는 사람들과 고통 받는 이들을 마주할 때, 나에게 정의감이나 이타심을 불러일으키는 그 감정들은 어디서 비롯된 것일까? 나로 하여금 강한 이타주의자가 되도록 만들어주는 공감의 힘은 과연 어떻게 해석해야 할까? 다음 장에서는 공감의 신경학적 기제에 대해 자세히 살펴보고 공감의 이타적 기능에 대해 생각해보기로 하자.

6장

공감의 자기중심성에 대하여

공감은 살아남기 위한 뇌의 전략인가?

——— 2010년 동계올림픽에서 김연아 선수의 경기를 숨죽여 봤던 사람이 많을 것이다. 한 폭의 그림같이 경기장을 수놓은 뒤 빙판 위에 우뚝 선 김연아 선수가 울음을 터뜨리는 순간을 기억하는가. 줄곧 손에 땀을 쥐고 경기를 지켜보던 나 역시 눈시울이 뜨거워졌다. 김연아 선수가 그동안 느껴온 고민과 설움, 그리고 간절함이 모두 내 것처럼 느껴지는 듯했다. 이 경기를 지켜본 많은 사람이 아마 나와 비슷한 경험을 했을 것이다.

흔히 '공감'이라고 불리는 이러한 심리적 경험을 통해 우리는 어린아이가 잔인하게 성폭행당한 사건 보도를 들을 때 아이의 아빠처럼 함께 분노하는가 하면, 차가운 바닷물에 갇힌 아이들의 소식을 들을 때에는 아이의 엄마처럼 간절한 맘으로 구조 소식 하나하나에 신경을 곤두세우게 된다. 내 자식, 내 가족이 아닌 타인의 불행에도 힘겨워하며 때로는 일이 손에 잡히지 않을 정도로 괴로워하는 사람들에게 공감 능력은 도리어 극심한 정신적 스트레스의 원인이 되기도 한다.

공감은 어떻게 만들어지며 우리에게 왜 필요한 것일까? 타인의 관점으로 이동해 사고하는 능력은 공감과 같은 것일까, 다른 것일까? 이런 질문에 대한 명쾌한 답변은 아직 찾아내지 못했지만 최근 뇌과학적 연구 결과들이 흥미로운 단서를 제시해주고 있다.

공감의 생물학적 뿌리를 찾아서

약 20년 전에 의학 저널에 발표된 한 연구 결과에서는 29세의 한 공사장 인부에 대한 이야기가 등장한다.[95] 인부는 일을 하다가 실수로 15센티미터가량의 못 위에 뛰어내렸고 이 못이 발을 관통하는 사고를 당했다. 사고 직후 극심한 고통을 호소했던 그는 급히 병원으로 이송됐다. 그에게는 응급처치로 강한 진통제가 투여됐고 구두는 조심스럽게 제거됐다. 그런데 놀라운 사실이 드러났다. 인부의 발에는 전혀 상처가 없었다. 못이 인부의 두 발가락 사이를 지나갔던 것이다. 하지만 이 사실을 알기 전까지 인부는 참을 수 없을 정도로 극심한 고통을 호소했다. 물리적인 상처가 없어도 고통을 느끼는 이런 현상은 어떻게 가능한 것일까? 이 질문에 대한 답을 찾기 위해서는 통증을 유발하는 자극이 우리 몸을 거쳐 뇌로 전달되는 과정을 이해해야 한다.

피부에 생긴 물리적인 상처는 피부 밑의 통각 수용기를 활성화하고 이 정보는 척수를 거쳐 뇌로 전달된다. 재미있는 사실은 이 정보가 일단 뇌로 들어오면 두 갈래로 나뉜다는 점이다. 그중 하나의 갈래가 마지막으로 도착하는 대뇌 피질 종착지는 체감각 피질somatosensory cortex 영역이라고 불린다. 이곳에서는 주로 물리적인 촉각 자극에 대한 정보가 처리된다. 두 번째 갈래는 주로 정서적인 정보에 반응하는 곳으로 잘 알려진 뇌 부위들이다. 대표적인 부위로는 편도체, 뇌섬엽, 시상하부hypothalamus, 전대상회anterior cingulate cortex 등이 있다.

동일한 통증 신호가 서로 다른 뇌 영역으로 나뉘어 전달된다는 사실은 무엇을 의미할까? 통증 신호가 유발하는 두 가지 경험, 즉 물리적 감각 경험과 정서적 경험이 구분될 수도 있다는 뜻일 것이다. 그래서 통증의 정서적 경험과 관련된 영역이 활성화되면, 목수의 경우처럼 실제로는 물리적인 가해가 없더라도 충분히 실제 같은 통증을 경험할 수 있다. 통증에 반응하는 정서 관련 뇌 기제는 앞으로 얘기할 공감을 설명하는 데 가장 핵심적인 부위이다.

그렇다면 공감의 신경학적 실체는 어디에 있을까? 사람이기 때문에 타인에게 공감한다고 여겼던 우리의 생각을 정말 학문으로 증명할 수 있을까? 실제로 공감의 신경학적 증거가 되는 뇌 영상 연구가 있다. 2004년 진행된 한 연구에서는 실제 연인들을 섭외해 여성 파트너는 MRI 기계 안에 들어가게 하고 남성 파트너는 기계 옆에 앉도록 했다.[96] 두 사람은 각각 자신의 손에 통증을 유발하는 전기 충격 장치를 부착했다. MRI 기계 안에 누운 여성 파트너는 거울에 비친 컴퓨터 화면을 통해 자신이 통증을 느끼거나 파트너가 통증을 느끼는 상황을 확인할 수 있었다. 그리고 두 상황을 번갈아 제시하면서 여성 파트너의 뇌 활동이 어떻게 변하는지 fMRI를 통해 측정했다.

실험 결과, 물리적 감각 자극에 반응하는 체감각 피질 영역은 자신이 전기 쇼크를 받는 조건에서만 반응했고, 파트너가 전기 쇼크를 받는 조건에서는 반응하지 않았다. 반면 통증의 정서적 측면과 관련된 전대상회와 뇌섬엽에서는 두 조건 사이에 차이가 없었고 거의 동일한 수준으로 반응했다. 다시 말해 사랑하는 파트너가 통증을 느낄 때는 자신이 직접 물리적 자극을 받지 않아도 통증의 정서적 경험과 관련된 뇌 부위가 활성화된 것이다. 이는 타인과 공유하는 정서적 경험, 즉 공감을 반영하는 신경학적 증거로 볼 수 있다.

전기 쇼크 같은 강한 통증에 노출되는 상황이 아니더라도 우리는 일상생활에서 타인의 감정이 미세하게 변하는 순간 이를 빠르게 감지하는 능력을 갖고 있다. 대부분 이런 정보는 상대방의 얼굴 표정을 통해서 얻는다. 예를 들어 향이 강한 외국 음식을 처음 접하는 사람의 얼굴에 순간적으로 나타나는 표정의 변화를 통해 그가 음식을 즐기는지 아닌지를 직감적으로 알아챌 수 있다. 실제로 이런 상황을 신경학적 수준에서 관찰한 뇌 영상 연구가 있다. 실험을 위해 고용된 배우들은 컵 안에 든 각기 다른 내용물의 냄새를 맡았다. 그리고 이 상황은 3초 정도의 짧은 동영상으로 촬영되었다.[97]

컵 안에는 역겨운 냄새를 유발하는 것과 향기로운 향수 등이 있었고 냄새를 맡은 배우들은 각 냄새에 해당하는 표정을 지었다. 실험 참가자들은 한 조건에서는 배우들의 동영상을 시청하기만 했고 다른 조건에서는 동일한 냄새들을 직접 맡았다. 두 조건을 비교한 결과, 역겨운 냄새를 직접 맡을 때 참가자들의 뇌 반응은 역겨운 냄새를 맡은 배우의 표정을 볼 때의 뇌 반응과 매우 유사했다. 특히 앞에서도 살펴본 뇌섬엽에서 이런 반응이 가장 뚜렷하게 관찰됐다.

과연 뇌섬엽은 공감과 어떤 관련이 있을까? 이 부위를 좀 더 깊이 살펴보면 혹시 공감의 생물학적 뿌리를 찾을 수 있지 않을까?

타인과 효율적으로 소통하기 위한 뇌의 선택

안토니오 다마지오Antonio Damasio라는 뇌과학자는 '신체 표지 가설Somatic Marker Hypothesis'이라는 이론을 주장했다. 이 이론에 따르면 정서적 상황에서 유발된 신체 반응은 뇌로 전달되고 뇌의 특정 부분에는 이런 신호들이 남긴 흔적, 즉 '신체 표지'가 저장된다고 한다. 그리고 이런 신체 표지들을 통해 우리는 직접 정서적 상황에 처하지 않더라도 그 상황이 유발할 정서적 경험 또는 신체 반응을 비교적 생생하게 머릿속에서 상상해낼 수 있다. 신체 표지는 특히 위급 상황에서 직접 경험을 통해 이해해야 하는 수고와 위험을 덜어준다는 점에서 유용하다. 예를 들어 뜨거운 김이 모락모락 피어오르는 컵을 봤을 때 상상만으로도 이 컵을 잡은 순간의 뜨거움을 예측할 수 있다면 장기적으로 생존 확률이 높아질 수 있다.

뇌섬엽은 이러한 신체 표지들이 저장되는 가장 대표적인 뇌 부위다. 앞서 우리는 심장 박동수를 의식적으로 감지하는 능력과 뇌섬엽의 관계를 측정하는 실험을 살펴봤다. 여기서 더 나아가 자신의 심장 박동수에 대한 민감도가 높은 사람일수록 타인의 얼굴에 나타난 감정에 더욱 민감하게 반응한다는 최근의 연구 결과도 있다. 이는 공감 능력의 개인차를 반영하는 것으로 보인다.

자신의 신체 반응을 감지하는 능력은 공감 능력과 구체적으로 어떤 관련이 있을까? 이런 상황을 한번 생각해보자. 어린 시절 엄마와 함께 길을 가던 중 사나운 개의 습격을 받았다. 이때 공포에 질린 엄마의 표정 같은 시각적 신호는 동일한 상황에서 엄마와 함께 도망치면서 경험한 심장 박동수 증가라는 신체적 신호와 결합된다. 이와 유사한 경험이 반복되면서 뇌에서는 특정 얼굴 표정에 상응하는 신체적 변화들이 서로 결합하게 된다. 이런 결합 과정은 얼굴 표정과 같은 시각적 정보뿐 아니라 글이나 생각처럼 좀 더 복잡하고 추상적인 정보들로도 확장된다. 소설을 읽으면서 책 속 등장인물과 동일한 감정을 느끼는 듯한 신체 반응을 나타내는 경우가 그렇다.

타인의 정서적 변화를 알리는 다양한 신호를 감지하고 이에 상응하는 적절한 신체 반응을 만들어내는 능력은 생존을 위해 매우 중요하며, 성공적인 적응을 위해서도 필수적이다. 단순히 정보 처리 관점에서만 생각해볼 때, 타인과의 사회적 상호작용은 짧은 시간 동안 수많은 정보를 처리해야 하는 매우 복잡한 과정이다.

대화 중 상대방이 하고 있는 말의 내용은 물론 상대방의 다양한 몸짓과 표정의 변화, 말투, 목소리의 크기와 높낮이 등을 고려해 매 순간 적절하게 반응하는 것은 거의 기적에 가까울 만큼 복잡한 정보 처리 과정이라 할 만하다. 하지만 상대방의 정서적 변화와 유사한 신체적 변화를 뇌에서 직접 시연할 수 있다면 이 복잡한 과정을 단순화할 수 있다.

다시 말해 내가 하는 말과 행동에 대한 상대방의 정서적 반응을 미리 경험할 수 있다면, 말과 행동을 비교적 명확하고 수월하게 선택할 수 있다는 것이다. 또한 보다 효율적으로 상대방과 교감하며 소통할 수도 있다. 가령 아이를 잃은 부모와 대화하는 상황이라면 나의 행동과 말 하나하나를 매우 신중히 선택해야 한다. 그런데 부모의 정서를 직접 경험하는 교감이 먼저 이뤄진다면 어떨까? 나의 행동이나 말이 미칠 영향을 일일이 논리적으로 고려하는 과정을 거치지 않더라도 판단과 선택을 분명하고 신속하게 할 수 있을 것이다. 공감이 사회적 소통에서 중요한 것은 바로 이런 기능 때문이다.

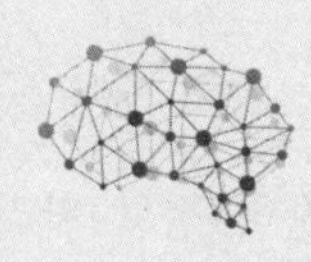

뇌과학 talk talk 7

공감의 신경학적 기제에 대하여

공감의 신경학적 기제를 이야기할 때 빼놓을 수 없는 부위는 앞서 소개한 바 있는 뇌섬엽이다. 뇌섬엽은 대뇌 피질의 일부지만 다른 대뇌 피질로 뒤덮여 겉으로는 보이지 않는 깊숙한 곳에 위치해 있다.

우리 뇌에서 유독 뇌섬엽에서만 발견되는 특별한 신경세포가 있다. 바로 '폰 이코노모 뉴런von economo neuron'이다. 이 신경세포는 다른 신경세포들에 비해 크기가 크고 수직으로 긴 방추형이다. 이런 구조적 특징 덕분에 이 세포는 다른 신경세포에 비해 먼 거리까지 빠른 속도로 신호를 전달할 수 있다. 이 세포의 특이점은 여러 종들을 비교해보면 더욱 두드러진다. 폰 이코노모 뉴런은 사람뿐 아니라 돌고래, 고등영장류, 코끼리 등 여러 다른 포유류에게서도 발견되는데, 흥미롭게도 이 세포가 있는 종들은 공통적으로 주로 공동체 생활을 하며 개체 간 상호교류가 활발하다.[98]

그렇다면 멀리 떨어진 부위로 빠르게 신호를 전달하는 폰 이코노모 뉴런이 뇌섬엽에 필요한 이유는 무엇일까? 앞서 언급했듯이 우리 뇌는 몸속에 있는 장기 기관들로부터 오는 감각 정보도 받아들인다. 대표적인 예가 심장에서 뇌로 전달되는 신호다. 이 신호는 우리가 의식하지 못하는 평상시에도 심장의 기능을 적절한 상태로 유지하기 위해 사용된다. 그래서 위급한 상황에 처하면 심장 박동수가 빠르게 증가하고 이로써 우리는 심장에서 오는 신호를 의식하게 된다. 뇌섬엽은 이런 신호들에 특별히 민감하며, 이 신호들을 받아 다른 뇌 부위들로 전달하는 역할을 한다. 이때 신체로부터의 신호를 뇌까지 빠른 속도로 전달하는 데 폰 이코노모 뉴런이 기여하는 것으로 보인다. 다시 말해, 뇌섬엽이 공감의 중요한 신경학적 기제가 될 수 있었던 이유는, 다양한 신체 기관에서 전달되는 신호를 뇌섬엽으로 빠르게 전달해주는 폰 이코노모 뉴런이라는 발 빠른 메신저 덕분인지도 모른다.

'성공한 사이코패스'의 뇌 구조

―――― 상대방에게 정서적으로 공감하는 일이 모든 상황에서 이롭기만 할까? 공감은 물론 타인을 향한 감정 반응이지만 그 신경학적 뿌리를 파악해보면 어디까지나 자신의 경험에 기초한 자기중심적 해석으로도 볼 수 있다. 대부분의 사람들이 공통적인 감정을 강하게 느끼는 상황에서는 정확한 공감 반응을 보일 수 있다. 하지만 각자 살아온 경험에 따라 개인차가 큰 탓에 공통적인 감정을 비교적 약하게 느끼는 상황에서는 상대방의 감정을 지극히 개인적이고 편향적으로 해석할 수 있다. 결국 이런 상황은 수많은 인간관계에서 오해를 초래하고 소통을 막는 주범이 되기도 한다.

경우에 따라서 공감은 합리적인 판단이나 결정을 방해하는 요인이 될 수도 있다. 다음과 같은 상황을 가정해보자. 당신은 작은 중소기업을 경영하고 있다. 이번 달 말까지 주문받은 제품을 거래처에 납품하지 않으면 계약을 위반하게 된다. 최악의 경우 거래처를 잃을 뿐만 아니라 결국 회사가 부도를 맞고 직원들이 일자리를 잃는 상황으로 치달을 수도 있다. 이런 상황을 막기 위해서는 당연히 직원들을 재촉해 일을 끝내도록 해야 한다. 하지만 연이은 야근으로 몸과 마음이 지친 직원들의 모습을 보니 측은함이 밀려온다. 이럴 때 과연 당신은 어떤 결정을 내릴 것인가? 순간의 측은한 감정, 즉 공감에 휘말리면 당신의 결정은 장기적으로 모두에게 해로운 결과를 초래할 수 있다. 이런 상황에서는 도리어 일반적인 사람들에 비해 낮은 공감 능력을 지닌 사람이 더 쉽게 합리적인 결정을 내릴 수 있을 것이다. 공감 능력이 낮으면 지친 직원들을 다그쳐 임무를 완수하도록 지시하는 것이 더 쉬울 테니 말이다.

이런 논리에서 볼 때 지나친 공감 능력은 집단의 리더들에게 오히려 해가 될 수 있다. 실제로 스티브 잡스처럼 성공한 CEO 중에는 공감 능력이 낮은 사람이 많다는 주장이 있다. 놀랍게도 정치와 종교 분야의 지도자들 중에도 타인의 고통을 느끼지 못하는 사이코패스가 존재할 확률이 다른 분야에 비해 현저하게 높다고 한다. 심지어 이들을 일반적으로 범죄를 저지르는 부류와 구분해서 일종의 '성공한 사이코패스'라고 부르기도 한다.

이들은 다른 이들의 선호를 정확히 읽어내는 능력을 갖고 있다. 게다가 뛰어난 리더의 모습으로 거의 완벽하게 위장할 수 있어 정확히 가려내기가 쉽지 않다. 이들과 직접적인 이해관계를 맺고 있지 않은 사람들은 오히려 이들에게 호감을 갖고 끌리기도 한다. 성공한 사이코패스들의 이러한 탁월한 타인 이해 능력은 이들을 매우 위험한 포식자로 만들어버릴 수 있다. 타인의 고통에 무감각한 성향까지 더해진다면 말이다.

사이코패스의 정교한 타인 이해 능력

공감의 자기중심성은 공감이 지닌 또 다른 문제점이다. 공감이란 타인의 감정을 공유하는 능력을 가리키는 말인데, 이것이 자기중심적이라니? 어쩌면 무척 역설적으로 들릴지도 모르겠다. 하지만 최근의 몇몇 연구들에 따르면, 타인의 감정을 이해하고 공감하는 과정에서 자신의 신체 혹은 감정 상태가 큰 영향을 미칠 수 있다는 사실을 알 수 있다.

한 실험에서는 체육관에 들어온 참가자들에게 산 속에서 길을 잃은 등산객에 관한 글을 읽고 등산객의 입장에서 감정을 상상한 뒤에 표현해보라고 지시했다. 다만 참가자 가운데 절반은 운동을 시작하기 전에, 나머지 절반은 10분간의 운동을 마치고 난 후에 표현하도록 했다. 그 결과, 운동 전에 표현한 참가자들에 비해 운동을 마친 뒤에 표현한 참가자들이 등산객이 갈증을 더 심하게 느낄 것 같고, 물을 충분히 준비하지 않았다는 사실을 크게 후회할 것이라고 말했다.[99]

이 결과는 현재 자신이 갈증을 많이 느끼는 상태이기 때문에, 상대방도 심한 갈증을 느낄 것이라 판단하기 쉬워짐을 잘 보여준다. 길을 잃은 등산객이라는 동일한 입장에 대해 읽었더라도 실험 참가자들은 현재 자신이 처한 생리적 상태에 따라 공감을 다르게 표현한 것이다. 물론 타인의 감정을 공감하는 과정에서 이렇게 자기중심적인 경향성을 보여주는 것은 개인마다 정도의 차이가 있었다. 그러나 자신의 감정이 타인의 감정에 투사되는 정도는 너무나 명확했고, 실제로 자신의 현재 상태를 인식하고 있는 상태에서도 이러한 편향은 사라지지 않았다.

위의 실험 결과를 토대로 유추할 때, 실제로 우리의 공감 가능 여부는 얼마나 다양한 경험을 했느냐에 따라 달라질 것으로 보인다. 즉, 우리는 우리가 경험했거나 경험하고 있는 것에 대해서만 공감할 수 있다는 말이다. 여기서 한 가지 예를 더 들어보자. 언젠가 모임에서 만났던 A씨가 내게 자신의 동료 직원 B씨에 대한 불만을 털어놓았다. A씨가 보기에 B씨는 상사와 동료 직원들의 생각을 잘 이해하지 못하며, 그 때문에 팀 전체 분위기가 나빠진다고 했다. 그에 대한 불만이 어찌나 컸던지, 하루는 다른 사람들 앞에서 A씨가 동료 직원 B씨에게 폭언을 퍼부었을 정도였다. 이러한 말을 들으며 나는 한 가지 의문이 들었다. A씨는 스스로 상사와 동료 직원의 마음을 잘 이해한다고 하면서, 정작 자신의 폭언을 들으며 상처받았을 B씨의 심정은 전혀 헤아리지 못하는 것일까?

타인의 감정에 공감할 때, 우리는 상대방도 나와 똑같은 감정을 경험한다고 믿는다. 하지만 앞서 실험에서 나타난 것처럼 사실 공감은 우리가 생각한 것보다 훨씬 자기중심적인 감정이며, 나의 과거 경험과 현재 신체 상태를 재료로 사용해 재구성한 감정 경험은 실제 타인의 감정과 일치할 가능성은 거의 없다.

타인의 감정을 시뮬레이션하기 위해 사용된 재료가 다르면 그 결과물은 당연히 다를 수밖에 없다. 전혀 다른 재료의 결과물인 자기중심적 감정을 억지로 타인에게 투사하는 것은 공감이라기보다 오히려 무례함이나 폭력으로 나타날 수 있다. 타인이 원하는 것을 비교적 정확히 파악해내는 사람들은 실제로 자신이 유사한 상황에서 동일한 욕구를 경험했기 때문일 수 있다. 즉 자신의 경험을 토대로 타인의 욕구를 비교적 정확하게 추론해낼 수 있다는 것이다. 하지만 이런 사람에게는 B씨처럼 타인의 욕구를 잘 헤아리지 못한다는 평가를 듣는 상대가 느낄 정서적 상처에 대한 경험이 상대적으로 부족할 수 있다. A씨가 직장 동료들과 상사의 비위를 잘 맞추는 능력은 가졌지만, 자신은 경험해보지 않은 B씨의 상처받은 마음을 헤아리는 데에는 실패한 것처럼 말이다.

역설적으로 공감 능력이 거의 없다고 밝혀진 연쇄살인범에게서 매우 정교하게 타인의 욕구를 이해하는 능력이 관찰되곤 한다. 폴 존 놀스나 강호순 같은 연쇄살인범들은 여성들에게 인기가 많았으며, 여성들이 원하는 바를 정확히 파악한 덕분에 이들에게 쉽게 접근할 수 있었다고 한다. 사이코패스들은 타인의 고통을 자신의 감정과 연결해 인식하는 것에는 어려움을 겪는 사람들이다. 일반적으로 사람들은 타인에게 신체적인 해를 입혀 자신의 욕구를 충족시키고자 하는 마음이 들더라도 타인이 느낄 고통에 대해 공감함으로써 욕구를 억누른다. 그러나 사이코패스들은 그렇게 하지 못한다.

발달 과정에서 과도하게 고통스러운 환경과 자극에 끊임없이 노출되면 타인의 감정을 재구성하기 위해 필요한 재료들이 비정상적으로 왜곡될 수 있다. 흥미롭게도 비정상적으로 타인의 고통을 공감하지 못하는 사람들에게는 신경학적인 차이가 존재하는 것으로 알려져 있다. 특히 통증 자극, 불안, 공포의 감정과 강하게 관련된 것으로 알려진 편도체와 복내측 전전두피질 간의 구조적, 기능적 연결 강도가 정상인에 비해 현저하게 낮은 것으로 밝혀졌다.[100]

이러한 생물학적 차이는 반드시 타고나는 것은 아닐지도 모른다. 발달 과정에서 과도하게 고통스러운 환경과 자극에 끊임없이 노출될 경우, 정상적으로 이러한 감정을 다스리고 조절하는 뇌신경학적 기제가 반영구적으로 무너져버렸을 가능성 역시 존재한다. 실제로 타인의 고통에 공감하지 못하는 사이코패스들 가운데 어린 시절 불우한 환경과 학대에 노출된 이들의 비율이 높다는 점은 이러한 가설을 지지하는 증거가 될 수 있다.

사이코패스들이 모든 감정에 공감하지 못하는 것은 아닐 수도 있다. 단지 타인의 고통만 공감하지 못할 뿐, 타인의 즐거움은 공감이 가능할지도 모른다. 우리 주위에는 이와 반대로 타인의 고통은 공감하지만 즐거움은 공감하지 못하는 사람들도 있을 수 있다. 이들은 전형적인 사이코패스처럼 우리에게 위협이 되지 않기 때문에 좀처럼 드러나지 않는 것일지 모른다.

뿐만 아니라 성인이 된 이후에도 공감 능력을 상실하게 될 수 있다. 주변 사람들로부터 과도한 인정을 받거나 강한 권력을 얻게 되는 경우가 이런 위험군에 속한다. 증폭된 자기 과시욕을 그대로 표출하더라도 별다른 문제가 없는 상황이 반복될 경우, 타인의 불편한 감정을 잘 헤아리지 못하는 이른바 후천적 사이코패스로 발전할 가능성이 높다. 어쩌면 우리 주위에서 흔히 '꼰대'라 불리는 어른들 중에서 이런 후천적 사이코패스를 발견할 수 있을지도 모른다.

공감 능력과 관점 이동 능력은 다르다

——— 앞서 공감은 자신의 과거 경험이나 현재 신체 상태에 따라 달라지는 자기중심성을 가진다는 것을 확인했다. 그렇다면 나와 전혀 다른 과거 경험이나 신체 상태를 가진 타인에게 공감한다는 것은 과연 불가능한 일일까? 우리의 감정과 직관적 판단은 일생 동안 끊임없이 변화를 겪는다. 어린아이들은 기본적으로 자기중심적으로 사고하며 판단하는 경향을 보이고, 특정 연령대에 이르기 전에는 이러한 경향이 쉽게 변화하지 않는다. 이러한 자기중심적 사고를 관찰할 수 있는 사례가 있다. '샐리-앤 과제Sally-Ann task'라고 불리는 실험에서는 다음과 같은 시나리오를 참가자들에게 들려준다.

"같은 방 안에서 샐리와 앤이 각자 놀이를 하고 있다. 샐리는 가지고 놀던 인형을 상자 안에 넣고 잠시 밖으로 나간다. 샐리가 나간 뒤 앤은 장난기가 발동해서 샐리가 상자 안에 넣고 간 인형을 꺼내 유모차 안으로 옮겨 놓는다. 잠시 후 방으로 돌아온 샐리는 인형을 찾기 위해 상자와 유모차 둘 중 어느 곳을 확인해볼까?"

답이 너무 뻔한 질문인가? 당연히 샐리는 상자에서 인형을 찾으려 할 것이다. 샐리는 앤이 인형을 상자에서 유모차로 옮긴 것을 모르며, 밖으로 나가기 전에 자신이 인형을 넣어두었던 상자에 그대로 있을 거라고 예상하기 때문이다.

너무나 단순하고 쉬워 보이는 판단이지만 참가자들이 정답을 맞히기 위해서는 현재 인형이 어디에 있는지 알고 있는 자신의 생각을 잠시 멈추고, '샐리'의 관점으로 이동해서 상황을 분석할 수 있어야 한다. 이런 능력을 가리켜 '관점 이동 능력perspective-taking'이라 한다. 관점 이동 능력은 발달 과정에서 특정 연령대에 이르러서야 비로소 갖춰지며 대략 4세 정도의 아동들에게서 나타나기 시작한다고 알려져 있다. 그 이전 연령대 아동들의 경우, 자신과 다른 지식이나 믿음을 가진 타인을 이해할 능력이 아직 발달하지 않은 것으로 보인다. 즉 관점 이동 능력이 발달하지 않은 참가자는 자신이 알고 있는 정답(인형을 유모차로 옮겼다는 사실)을 당연히 샐리도 알고 있을 거라고 생각하는 모습을 보인다는 것이다.

적지 않은 사람들이 공감과 관점 이동을 혼동하는 경향이 있다. 그러나 최근 여러 연구에 의하면 이 두 심리 과정은 매우 다른 신경학적 기제들이 관련되어 있으며, 서로 구분되는 특성이라는 증거들이 드러나고 있다. 공감 능력이 현저하게 낮다고 여겨지는 사이코패스들에게서 관점 이동 능력이 정상 혹은 정상 수준 이상으로 나타난다는 사실도 밝혀졌다. 이를 듣고 누군가는 상식과 어긋난다고 느낄지도 모르겠다. 그러나 조금만 더 생각해보면 이러한 사실이 오히려 더 논리적임을 알 수 있다.

기본적으로 공감이란 자신과 타인 간의 경계선이 모호해지는 심리적 과정을 가리킨다. 예를 들어 등장인물의 신체가 심하게 훼손되는 영화나 드라마 속 장면을 보면서 마치 자기 몸이 훼손되는 것처럼 온몸에 전율을 느끼고 심장 박동이 빨라지는 경험을 누구나 한 번쯤 해봤을 것이다. 이러한 상황에서 훼손되고 있는 신체는 나의 것이 아니고 영화 속 가상의 존재라는 사실을 떠올리면 어떨까? 그 순간부터 불쾌감은 매우 효과적으로 줄어들 것이다. 거의 자동적, 그리고 반사적으로 뇌 안에서 유발된 공감 반응이 어느새 관점 이동 능력을 통해 억제되는 것이다.

관점 이동 능력은 공감과는 구분되는 또 다른 종류의 타인 이해 능력으로, 자신의 것과는 다른 타인의 선호, 의도, 신념 등을 파악하는 능력이다. 타인을 이해하기 위해서는 자신의 경험을 그대로 투사하여 상대방을 이해하려는 시도보다는 이전에 상대방이 보였던 행동과 현재 주어진 상황을 최대한 고려하여 다음 행동을 추론해내는 고도의 계산 과정이 필요할 수 있다.

나는 어느 쪽에 치우쳐 있는가

공감 능력과 관점 이동 능력은 모두 타인과 원활한 소통을 하는 데 매우 중요한 역할을 한다. 일상적으로 우리는 이 두 기능 사이의 차이를 명확하게 규정하지 않고 혼용하는 경향이 강하다. 그러나 앞서 살펴본 바와 같이 두 기능 사이의 차이는 생각보다 크다. 또한 이런 차이를 반영하듯 우리 뇌에서 공감과 관련된 뇌 기제는 관점 이동과 관련된 뇌 기제와 명확히 구분되어 있다.

그렇다면 두 능력은 대체 어떻게 다른 것일까? 이들의 특징을 들여다보면 그 차이가 분명하다. 공감 능력은 정서적이고 직관적인 측면이 강한 반면, 관점 이동 능력은 인지적이고 분석적인 측면이 강하다. 익숙한 자기중심의 관점을 버리고 새롭고 낯선 타인의 관점을 취하는 관점 이동은 결코 쉬운 일이 아니며 많은 노력과 자원을 요구한다. 무작정 자신을 버리고 타인을 이해하고 배려해야 한다는 다소 맹목적인 교육 방식이 매번 실패하는 이유다. 사람들은 대부분 직관적으로 자신의 관점에서 타인을 해석하려 하며 특별한 경우에만 이처럼 많은 비용을 지불하면서까지 자신의 관점 대신 타인의 관점을 취하고자 노력한다.

여기서 특별한 경우란 어떤 경우일까? 자신의 과거 경험과 신체 상태를 무시하고 자신과 전혀 다른 타인을 이해하고자 노력할 때, 이는 타인보다는 자신을 위한 이기적인 동기로부터 비롯되기 쉽다.

대표적인 동기는 바로 타인에게 얻을 수 있는 호감이다. 사람들은 자신의 감정에 공감해주는 사람에게 강한 호감을 가지기 쉽다. 따라서 타인의 호감을 얻고 싶을 때 우리는 그 사람에게 공감하려 노력하거나 혹은 공감하는 것처럼 보이고자 노력한다. 부장님을 이해하려 노력하거나 아들의 행동을 이해하려 노력하는 이유는 많은 경우 그들의 호감을 얻고 다시 원만한 관계를 회복하려는 이기적 목적 때문이다. 공감이 높은 사람으로 보이면 주변 사람의 호감을 얻을 수 있고, 이를 통해 자신의 이익을 극대화하기 위한 목적으로 관점 이동을 시도한다는 것이다. 이처럼 관점 이동은 직관적인 공감과 질적으로 확연히 구분된다. 지나치게 공감에만 치우친 감정적 대응은 사회적 상황에 대한 냉철한 분석을 방해할 수 있고, 공감이 결여된 관점 이동 능력은 타인의 감정을 악용한 비윤리적 행위로까지 이어질 수 있다.

따라서 공감과 관점 이동이 적절하게 균형을 이룰 때 우리 뇌는 타인과 소통하는 데 최적의 기능을 발휘하게 된다. 공감과 관점 이동이 상호보완적 기능을 완수해야 비로소 개인의 공감 반응은 여러 사람의 관점을 취해 더욱 풍부하고 다양해질 수 있다. 타인을 이해하기 위한 관점 이동 역시 공감으로부터 그 동기를 얻을 수 있다.

다음 장에서는 현재 뇌과학은 공감과 관점 이동에 대해 어떻게 설명하고 있는지 살펴보기로 하자.

자신을 위한 선택인가, 타인을 위한 선택인가

—— 공감과 관점 이동 능력이 서로 다르다니, 쉽게 받아들이기 어려울지도 모르겠다. 그러나 이 주장을 뒷받침하는 증거는 뇌과학 연구 결과들을 통해서도 찾아볼 수 있다. 연구 결과에 따르면 타인의 관점으로 이동해 타인의 생각이나 신념 등을 파악하고 자신과 다른 상대의 선호를 예측하는 능력의 경우, 뇌섬엽보다는 '측두-두정 접합부' 혹은 TPJ temporo-parietal junction라고 불리는 부위의 역할이 중요한 것으로 알려져 있다. 그 증거로 측두-두정 접합부는 나와 다른 생각을 가진 사람의 생각을 추론할 때 왕성한 활동을 보인다. 또한 이 부위가 손상된 환자들은 타인의 생각이나 의도를 추론하는 데 어려움을 겪는다.

측두-두정 접합부는 시각 정보를 처리하는 후두엽, 청각 정보를 처리하는 측두엽, 그리고 촉각 정보를 처리하는 두정엽의 세 부위가 만나는 경계선에 위치하고 있으며, 시각·청각·촉각 등 외부 감각 신호를 통합한 정보를 처리하는 영역으로 잘 알려져 있다. 주로 내부 감각 신호를 처리하는 뇌섬엽이 공감에 관여한다는 사실과 비

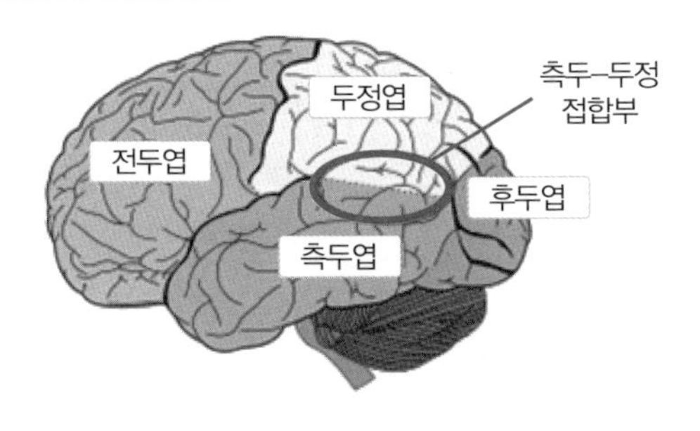

■ 측두-두정 접합부의 위치

교할 때, 타인을 이해하기 위한 관점 이동은 신체 내부보다는 외부 환경에 주의를 집중하는 과정을 요구한다는 것을 의미한다.

측두-두정 접합부는 관점 이동이 요구되는 상황뿐 아니라 단순히 기대하지 못한 사건이 발생할 때 주의를 전환해 새롭게 기대를 수정하는 상황에서도 대부분 활동 수준이 증가한다. 예를 들어 매일 오전 여섯 시에 울리던 알람이 오늘은 느닷없이 다섯 시 오십 분에 울리면 이 부위의 활동이 증가할 수 있다. 측두-두정 접합부의 이러한 주의 전환 기능은 과연 관점 이동과 어떤 관련성이 있을까? 어쩌면 전혀 관련 없어 보이는 이런 특징은 관점 이동이라는 심리 과정의 주요 속성을 이해할 수 있는 중요한 실마리를 제공한다.

다시 말해 타인으로의 관점 이동은 자신의 경험에 의해 자동적이고 직관적으로 유발되는 공감 반응을 억누르고 외부에 존재하는 정보로 주의를 전환하는 과정이며, 공감보다 노력이 더 요구되는 과정으로 보인다. 관점 이동을 통해 우리는 일시적이지만 자기중심적

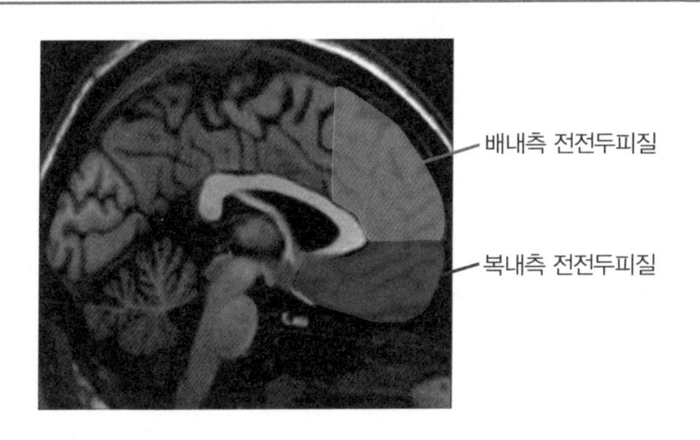

■ 배내측 전전두피질과 복내측 전전두피질은 위아래로 나란히 위치해 있다.

관점에서 벗어나 다른 생각이나 욕구를 가진 타인의 입장에서 상황을 보게 된다. 그리고 이런 과정은 우리가 현재 처한 사회적 상황에서 더 적절한 행동을 선택할 수 있도록 도와준다.

그렇다면 출생 후 4년째에 이르렀을 때 우리 뇌에서는 과연 어떠한 변화가 일어나기에 이러한 관점 이동 능력을 갖게 되는 것일까? 안타깝지만 현재로서는 이러한 변화 과정에 대한 직접적인 증거는 없다. 하지만 관점 이동 과정에서 중요한 역할을 담당하는 뇌 영역들에 대한 증거는 상당히 드러나고 있다. 이러한 역할을 담당하는 영역 중에서도 배내측 전전두피질과 측두-두정 접합부를 특히 주목할 만하다. 이미 뇌 손상 환자들을 대상으로 한 연구와 뇌 영상 기술을 이용한 여러 연구 결과, 이 두 부위들은 타인의 관점으로 이동해서 상대방의 의도를 파악하고 이를 토대로 선택을 위한 가치를 계산하는 데 중요한 역할을 담당하는 것으로 밝혀졌다.

목표에 따라 의사결정이 달라진다?

우리 연구실 출신 정대현 박사는 최근 배내측 전전두피질과 측두-두정 접합부를 포함하는 신경 회로가 타인을 위한 선택에 어떻게 관여하는지 알아보기 위해 뇌 영상 기법을 통해 이를 관찰했다.[101] 이 실험 참가자는 컴퓨터 화면에 제시된 파란색과 빨간색의 상자 여섯 개 가운데 어떤 색깔 상자에 동전이 들어 있는지를 맞히는, 도박과 유사한 선택을 하도록 지시받았다.

이때 파란색 상자를 선택해서 맞히면 10점을 얻지만 틀리면 10점을 잃는다. 빨간색 상자를 선택해서 맞히면 90점을 얻지만 틀릴 경우 90점을 잃는다. 따라서 빨간색 상자는 큰 점수를 얻을 수 있어 매력적인 동시에 큰 점수를 잃을 수도 있는 위험한 선택이 된다. 여섯 개의 상자 중 빨간색 상자의 개수가 많아지면 어떨까? 그 안에 동전이 있을 확률이 높아지기 때문에 피험자들이 위험한 선택을 할 확률 또한 높아진다. 반대로 빨간색 상자의 개수가 줄어들면 이를 선택할 확률은 현저하게 떨어진다.

우리는 사람들이 이 게임에서 위험한 선택을 할 확률이 높아짐에 따라 활동 수준이 함께 증가하는 뇌 부위를 알아보고자 했다. 그리고 이러한 반응을 보이는 뇌 부위는 선택을 위한 가치를 계산하는 뇌 부위일 것이라고 예상했다. 이 실험의 또 다른 목적은 위험한 선택의 가치를 계산하는 동일한 뇌 부위가 자신을 위한 선택의 상황과 타인을 위한 선택의 상황 모두에 관여하는지, 아니면 상황에 따라 각기 다른 뇌 부위가 관여하는지를 알아보는 데 있었다. 실험 결과, 예상대로 자신을 위한 선택과 타인을 위한 선택에서 전혀 다른 뇌 부위가 관여하는 것으로 밝혀졌다. 자신을 위해 위험한 선택을 하는 상황에서는 정서적 정보를 주로 처리하는 편도체가 가치를 계산했다. 반면에 타인을 위해 위험한 선택을 하는 상황에서는 배내측 전전두피질이 선택의 가치를 계산했다.

이뿐만이 아니었다. 이 선택이 자신이 아니라 타인을 위한 것이라는 정보를 접하는 순간 측두-두정 접합부의 활동이 증가하였고, 참가자가 타인을 위한 선택을 고려하는 동안 배내측 전전두피질은 측두-두정 접합부와 강하게 소통하는 것으로 드러났다. 이는 자신을 위한 선택에서 타인을 위한 선택으로 상황이 바뀔 때, 우리 뇌가 직관적이고 정서적인 가치 계산 기제에서 좀 더 분석적이고 체계적인 가치 계산 기제로 주도권을 넘겨주는 것으로 해석할 수 있다. 전자는 내적 가치 계산 기제, 후자는 외적 가치 계산 기제에 해당한다. 주도권을 넘겨받은 외적 가치 계산 기제는 외부 환경으로 주의를 전환해 타인의 관점을 통해 다양한 각도에서 상황을 분석하고, 이를 통해 얻은 정보를 선택을 위한 가치 계산에 반영한다.

타인이 원하는 것을 정확하게 예측하는 재능

——— 타인을 위해 가장 좋은 선택을 하려면 어떤 능력이 필요할까? 타인을 위해 아무리 노력한들 그 사람이 무엇을 선호하는지 정확히 예측해내지 못한다면 아무 소용없을 것이다. 그렇다면 타인의 선호를 정확히 예측할 수 있는 능력은 어디에서 오는 걸까? 이 능력의 개인차를 신경학적 수준에서 구분하는 것은 가능할까? 우리 연구실 출신인 강평원 박사는 최근 한 연구를 통해 타인의 선호를 정확하게 읽어내는 데 관점 이동 신경 회로가 중요한 역할을 한다는 점을 알아냈다.[102]

이 연구에서 참가자들은 낯선 타인의 사진을 1초간 보고 난 후 뒤이어 제시되는 음식 사진 혹은 영화 포스터를 보았다. 그리고 앞서 제시된 사진 속의 사람이 해당 음식이나 영화를 얼마나 좋아할지 예측했다. 한 번도 만난 적 없는 사람이 무엇을 좋아할지 예측하는 게 정말 가능할까? 놀랍게도 많은 참가자가 높은 수준의 예측 정확도를 보였고, 전체 참가자들의 평균 예측 정확도를 계산해보자 우연이라 하기에는 어려울 정도로 높은 정확도가 나타났다.

그런데 상당히 큰 개인차가 존재했다. 예측 성공률 70퍼센트 이상의 높은 정확도를 보였던 사람이 있었던 반면, 거의 우연 수준에 머무른 참가자도 있었다. 이런 개인차는 도대체 어디서 오는 걸까? 이 질문에 대해 답을 얻기 위해 우리는 뇌 영상 자료를 검토해보았다. 그 결과, 타인의 선호를 예측하는 동안 정확도가 높았던 참가자들은 정확도가 낮은 참가자들에 비해 이번에도 배내측 전전두피질의 활동이 더 증가했던 것으로 나타났다.

또한 정확도가 높았던 사람들은 배내측 전전두피질과 측두-두정 접합부 간의 연결 강도가 높았던 것으로 밝혀졌다. 바로 앞에서 소개된 관점 이동 신경 회로와 동일한 부위들이다. 즉 타인의 선호를 정확히 예측하는 사람들은 다른 사람들에 비해 관점 이동과 관련된 신경 회로를 더 활발히 사용한 것이다.

그 반대의 경우도 살펴보자. 예측 정확도가 낮았던 사람들에게는 과연 어떠한 문제가 있었을까? 타인의 선호를 예측하기 위해 관점 이동이 필요하다면, 적절한 관점 이동에 실패하는 경우에는 타인의 선호를 예측하는 과정에서 자신의 선호가 투사되었기 때문일 수 있다. 이런 상황을 좀 더 쉽게 설명하자면, 게임에 관심이 없는 여자친구의 생일 선물을 사러 가서 새로 나온 최신 액션 게임 소프트웨어를 구매하는 것과 유사하다고 할 수 있다. 그렇다면 타인의 선호를 예측해야 하는 상황에서 자신의 선호가 투사된 정도가 높았던 사람은 어떤 뇌 반응을 보였을까?

이 질문에 답하기 위해 자신의 선호 투사 비율이 높았던 사람과 낮았던 사람을 구분해 뇌 반응을 관찰해보았다. 그 결과 타인의 선호를 예측해야 하는 상황에서도 자신의 선호가 투사되는 경향성이 높았던 사람은 타인의 선호를 예측하는 동안 배내측 전전두피질이 아니라 그 아래쪽에 위치한 복내측 전전두피질의 반응이 높게 나타났다. 이미 앞에서 여러 차례 언급한 것과 같이 복내측 전전두피질은 교육된 직관이 저장되는 곳이다. 다시 말해 타인의 선호를 예측할 때 관점 이동에 필요한 배내측 전전두피질 대신 교육된 직관이 저장된 복내측 전전두피질을 더 많이 사용했던 사람들은 자신의 선호를 투사할 가능성이 높다. 분석 기제 사용에 실패하고 대신 자신의 선호들이 저장되어 있는 직관 기제를 사용하게 되면 타인의 선호에 대한 정확한 예측에 실패할 가능성 역시 높아지는 것이다.

나르시시스트의 뇌는 다르게 작동한다

우리 주변에는 자기 의견을 끝까지 고집하며 자신과 견해가 다른 사람들의 입장을 이해하지 못하는 사람이 적어도 한 명은 꼭 있다. 그런데 이렇게 자신의 의견만 고집하는 소위 나르시시스트의 경우, 앞서 언급된 뇌 영역들이 작동하는 방식에 다른 사람들과 차이가 있지 않을까?

자신이 좋아하는 대상을 선호하는 것은 매우 자연스러운 반응이며 특별한 노력이 요구되지 않는다. 이에 비해 내가 좋아하지만 상대방은 좋아하지 않는 것에 대해서는 나의 충동적인 선호를 잠시 억눌러야 한다. 복내측 전전두피질은 자신이 선호하는 대상에 대한 충동적인 선호 반응을 만들어내는 역할을 담당하고 있을 것이다. 이에 반해 배내측 전전두피질은 복내측 전전두피질의 충동적 활성화를 잠시 억제하고 타인의 관점으로 상황을 다시 파악하여 새롭게 선호 판단을 수정하는 역할을 담당하는 것으로 보인다.

심리학자 에리히 프롬Erich Fromm은 인종차별주의, 자민족 중심주의, 성차별과 같은 집단 갈등의 주요 원인으로 볼 수 있는 다양한 부정적 집단 관념은 나르시시즘이 집단적 차원에서 발현된 결과일 수 있다고 주장했다. 그렇다면 개인적 수준에서 나타나는 나르시시즘을 심층적으로 이해하는 과정은 어떤 의미가 있을까? 이는 아마도 다양한 사회적 갈등의 근원을 이해하고 이에 대한 예방책 혹은 해결책을 마련하는 데 있어서 중요한 공헌을 해줄 수 있을 것이다.

그러므로 복내측 전전두피질과 배내측 전전두피질 간의 기능적 전환이 더욱 수월하고 유연하게 이루어지는 사람과 그렇지 못한 사람 간의 뇌과학적 차이를 밝히고, 이러한 차이를 만들어내는 생물학적, 환경적 요인을 규명하는 연구는 매우 중요하다. 또한 이러한 연구는 다양한 사회적 갈등의 이면에 존재하는 원인을 규명하고 보다 과학적인 해결책을 찾는 데 기여할 수 있지 않을까?

공감하지 않으면 좋은 평판은 없다

타인을 돕고자 하는 숭고한 마음이나 공정성을 지향하는 올곧은 도덕적 판단이 평판을 의식하는 동기에서 비롯된다는 견해를 들으면 어떤 기분이 드는가? 당연히 많은 사람들이 불편함을 느낄 수밖에 없을 것이다. 절망하거나 고통스러워하는 타인을 볼 때 느껴지는 마음속 한구석의 공감이야말로 도움을 주려는 마음을 이끌어내는 것이라고 볼 수는 없을까?

물론 공감이 이타적 행동을 이끌어낸다는 주장에는 충분히 일리가 있다. 실제로 우리는 일상생활에서 공감을 통한 이타적 행동을 자주 경험하곤 한다. 학계에도 이러한 이타적 행동의 동기를 설명하는 이론으로 '공감-이타성 가설empathy-altruism hypothesis'을 내세우는 학자들이 있다.[103] 이들 중 가장 영향력 있는 심리학자 대니얼 배슨Daniel Batson은 공감을 이렇게 정의한다. '곤경에 빠진 타인의 상태를 지각함으로써 유발되며, 이러한 타인의 상태와 일치하는 타인 지향적 감정'이라는 것이다. 공감-이타성 가설에 의하면 공감이 이타적 행동으로 이어지기 위해서는 감정의 방향만 일치하면 되고, 구체적인 감정이 정확히 일치할 필요는 없다. 따라서 분노에 휩싸인 타인을 보고 슬픈 감정을 느끼는 상황 역시 공감으로 볼 수 있다.

위와 같은 가설에 대해 이야기하기 전에 우리는 감정의 원인을 정확하게 지각하고 이러한 경험을 객체화하는 것이 얼마나 어려운 일인지를 생각해볼 필요가 있다. 사실 자신이 느끼는 감정을 정확하게 파악하는 것도 어려운데 타인의 감정을 이해하는 일은 얼마나 어려운가? 고통에 괴로워하는 타인을 볼 때 내가 느끼는 불편함은 상대방의 고통과 동일하게 '시뮬레이션'을 함으로써 만들어진 감정일 수도 있다. 그러나 어쩌면 그 불편함은 고통에 처한 누군가를 돕지 못하는 자신의 비윤리성이 초래할 부정적인 결과를 미리 예측하고 이를 회피하고자 하는 동기로부터 생긴 감정일지도 모른다.

우리는 거의 평생 동안 집이나 학교 혹은 직장에서 고통에 처한 타인을 돕지 않는 이기적인 태도를 옳지 못한 것으로 학습해왔다. 그런 이유 때문인지 고통에 처한 타인을 볼 때 거의 반사적으로 통증을 느끼는 동시에, 자신의 사회적 평판이 훼손되는 일을 피하기 위해 고통에 처한 타인을 도와야 한다는 강한 의무감을 느끼기도 한다.

사실 아픔과 의무감은 대부분의 경우 함께 나타나고 의식적으로 구분하기 어렵기 때문에 쉽게 혼동하곤 한다. 이 둘의 차이를 의식적으로 인식할 수 있는 사람은 오히려 자신의 위선적인 동기에 부끄러움을 느끼기 쉽다. 공감과 이타적 행동 간의 인과관계를 규명하기 위해서는 이 둘 간의 차이를 분명히 구분한 연구가 필요하다. 그러나 공감만큼 강하게 직관적으로 유발되는 의무감은 그 구분을 어렵게 만든다.

뇌과학을 통한 공감의 확장

그렇다면 이기적 목적의 관점 이동도, 자기중심적 공감도 아닌 타인에 대한 이해는 과연 가능한 걸까? 이 질문에 대한 답변을 위해서는 '감정'에 대해 좀 더 과학적인 이해가 필요하다. 최근 주목받고 있는 감정에 관한 새로운 이론에 의하면, 우리의 뇌는 신체의 항상성을 유지하기 위해 끊임없이 현재 신체 상태를 모니터링하고 미래의 신체 상태를 예측한다. 그리고 예측에 실패했을 때 신체가 뇌로 보내는 알람 신호가 바로 감정이라고 주장한다. 다시 말해 감정이란 현재 신체 항상성이 깨졌거나 혹은 앞으로 깨질 수 있음을 감지한 뇌의 반응, 혹은 신체 항상성 불균형을 회복하기 위해 조치가 필요하다고 알리는 뇌의 신호라 말할 수 있다.

예를 들어 배고픔과 통증은 심각한 신체 항상성의 불균형을 알리는 신호이며 이때 우리는 강렬한 감정을 경험한다. 또한 누군가의 비난에 수치심이나 죄책감을 느끼는 이유는, 이 비난이 미래에 초래할 신체 항상성의 불균형, 즉 사회적으로 소외되고 격리될 경우 예상되는 생존 위협을 미리 시뮬레이션해보고 이를 방지하기 위한 행동을 촉발하는 것이 주된 목적일 수 있다. 이때 우리는 상대의 신뢰와 호감을 회복하기 위한 사회적 행동을 시도한다.

그러나 이러한 감정이 모두 신체 항상성을 유지하는 데 도움이 되는 행동으로 이어지는 것은 아니다. 신체가 뇌로 보낸 신호를 우리 뇌가 어떤 감정으로 분류하고 해석했는지에 따라 신체 항상성에 도움이 되는 행동을 할 수도 있고 그렇지 않을 수도 있다. 이해를 돕기 위해 수치심과 분노감을 예로 들어 보자. 수치심과 분노감은 둘 다 부정적인 감정이지만 그 감정이 향하는 방향 면에서는 반대다. 수치심은 자기 자신에게 향하지만 분노감은 타인에게로 향한다. 두 감정은 적절하게 사용될 경우 불균형을 해소할 수 있지만 부적절하게 사용될 경우 불균형은 오히려 심화된다.

여러 동료 앞에서 외모를 비하하고 조롱하는 말을 한 직장 상사를 상상해보자. 이 상황에서 수치심이라는 감정이 유발될 경우, 나의 행동은 점점 더 위축되고 심각한 자기 비하나 우울증으로까지 이어질 수 있다. 만약 동일한 상황에서 상사의 무례함을 지적하고 항의하는 분노감이 유발되었다면 신체가 알린 불균형의 원인을 정확히 파악하고 제거함으로써 신체 항상성의 불균형은 해소될 수 있다.

반대로 외모 비하 농담으로 분노한 부하직원을 둔 상사의 경우는 어떨까. 이 상사는 직원의 행동이 다른 사람들 앞에서 자신을 무시한 행동이라 판단하고 분노 행동을 표출할 수 있다. 이 직원이 지나치게 민감하며 사회성이 떨어진다고 비난의 강도를 오히려 높일 수 있다. 이러한 반응이 반복되면 이 상사는 흔히 분노 조절 장애라고 말하는 불균형이 심화된 상태로 빠질 수 있다. 하지만 만약 동일한 상황에서 자신의 외모 비하 발언의 무례함을 깨닫고 수치심을 느껴 직원에게 사과할 수도 있다. 이러한 반응은 신체가 알린 불균형의 원인을 정확히 파악하고 제거해주면서 불균형을 원활히 해소할 수 있다.

이처럼 거의 동일한 외부 상황과 신체 내부 신호의 조합을 어떤 사람의 뇌는 분노감으로 분류하고, 어떤 사람의 뇌는 수치심으로 분류한다. 수치심으로 분류되었어야 할 상태를 분노로 잘못 해석하여 반응하고 이런 상황이 반복되어 습관으로 굳어지면 불균형은 고착화되고, 심할 경우 더 이상 회복이 불가능한 상태로 빠진다.

이렇게 어떤 감정을 경험할 때 이 감정이 촉발하는 반응에 반사적으로 이끌리는 대신, 이 감정을 유발한 원인을 섬세하고 정확하게 인식함으로써 '단순하고 정형화된 반응 패턴'에서 벗어나 보다 정교하고 세분화된 감정 반응을 만들어가는 과정을 자기 감정 인식이라 부른다. 자기 감정 인식을 통해 우리 뇌는 매 순간 변화하는 신체 상태와 외부 환경에 최적화된 감정 반응을 찾아 능동적이고 유연하게 대처할 수 있다.

자신의 감정을 인식하는 데 얼마나 많은 노력을 기울여왔는지에 따라 사람마다 가지고 있는 감정 리스트의 크기는 다양하며, 이러한 개인차는 단순히 성별이나 나이만으로는 설명할 수 없다. 자신의 감정을 다양한 범주로 나누어 세분화할 수 있는 사람은 자신의 신체로부터 오는 다양한 불균형을 알리는 신호에 대해 최적화된 섬세하고 정교한 매뉴얼을 가진 사람이다. 이 매뉴얼은 끊임없는 자기 감정 인식을 통해서만 얻을 수 있는 귀중한 선물과도 같으며 스트레스 상황 속에서도 건강한 신체와 정신을 유지할 수 있도록 해주는 중요한 자산이다.

자기 감정 인식 훈련이 주는 기대하지 않았던 또 다른 큰 선물은 바로 공감 능력이다. 자신의 감정을 정확히 인식하지 못하고 표현하지 못하는 '실감정증'이라는 증세를 가진 사람들이 있는데, 이들은 대략 전체 인구의 10퍼센트 정도에 해당한다. 흥미롭게도 실감정증 증세가 심한 사람들은 타인의 고통에 공감하는 능력이 현저히 떨어지고 심지어 공감과 관련된 뇌 반응조차 낮다고 한다. 다시 말해 자신의 감정을 인식하는 능력과 공감 능력이 서로 다르지 않다는 것이다. 그 이유는 뭘까? 자기 감정 인식의 결과로 정교하게 세분화된 풍부한 감정 리스트를 갖게 된 사람은 공감을 위해 사용할 수 있는 재료들이 풍부한 사람이다. 섬세하고 풍부한 감정 리스트를 재료로 사용하여 타인의 감정을 이해할 때 우리는 직관적이면서도 정확하게 공감할 수 있다. 여전히 자기중심적이지만 오류의 가능성은 훨씬 줄어들 수 있으므로 타인의 감정에 더 적절하게 대처할 가능성 또한 높아진다.

타인과의 깊은 공감을 위해서 우리는 타인이 아닌 자신에게로 그 관심의 방향을 돌려야 한다. 나의 감정을 깊게 파고 들어가 그 원인을 더 정확히 파악하고 효율적으로 그 원인을 제거할 수 있는 선택을 찾고자 끊임없이 노력할 때, 공감의 영역 역시 자연스럽게 확장된다. 자신의 감정을 더 섬세하게 살피며 생존 가능성을 극대화하는 과정이 부수적으로 타인의 감정을 정교하게 이해하는 데에도 기여할 수 있음을 뇌과학은 말해준다. 공감을 확장하기 위해 우리는 타인을 배려하기보다 먼저 자기 자신의 감정을 섬세하게 살피는 관찰자가 되어야 하지 않을까?

공정성과 이타성의 뒷면에 있는 것들

지금까지 우리는 불공정성에 항거하는 행위와 타인을 돕고자 하는 이타적 행위의 심리학적, 생물학적 원리들에 대해 알아보았다. 그리고 우리가 살아가는 사회를 유지해가는 데 반드시 필요한 이 두 가지 중요한 행동적 특성들이 타인으로부터 인정받고자 하는 동기라는 공통적인 뿌리에서 자라났음을 살펴보았다. 물론 이것이 공정성과 이타성을 결정하는 유일한 동기라고 결론짓기에는 무리가 있다.

그러나 타인으로부터 인정받고 싶은 욕구가 대부분의 긍정적인 사회적 행동을 이끌어내는 데 매우 중요한 공헌을 하고 있다는 점은 결코 부인할 수 없다. 타인에게 받는 칭찬은 사회적 공동체 유지를 위해 반드시 필요한 협력 행동을 이끌어내는 보상 역할을 수행하는 셈이다. 마치 음식이나 물이 유기체의 생명 유지 행동을 이끌어내는 데 필수적인 보상 역할을 하는 것처럼 말이다.

하지만 특정 보상에 과도하게 몰입하는 상태가 중독으로 이어지는 것처럼, 인정을 향한 과도한 집착 역시 중독과 유사한 사회적 행동을 유발할 수 있다. 마치 약물 중독이나 도박 중독이 우리 신체 기능을 심각하게 무너뜨리는 것처럼, 인정 중독은 원활한 사회적 시스템의 유지를 저해하는 심각한 독이 될 수 있다.

앞으로 뇌과학 연구들은 어떠한 생물학적인 개인차 혹은 상황으로 인해 우리의 친사회적 속성이 발현되고 조절되는지를 지금보다 훨씬 정교하고 체계적으로 규명해나갈 것이다. 이타성의 뇌과학적 뿌리를 알아내는 연구는 아직은 기초적인 이해 단계에 불과하다. 그러나 이타적인 선택의 가치가 발달 과정을 거치면서 어떻게 생성되고 변화하는지 과학적으로 정교하게 이해하려는 노력은 계속되어야 한다. 이러한 노력은 단순히 이해하는 데서 그치는 게 아니라 친사회적 행동을 증진하기 위한 교육 프로그램 개발이나 정책 수립 등에 과학적인 토대를 마련해줄 수도 있을 것이다.

철학자 피터 싱어 교수는 타인을 도울 때 "감정이 아닌 이성으로 판단을 해야 한다"라고 말한다. 예를 들어 오늘도 죽어가는 전 세계 수십만 명의 아이들보다 미디어가 찾은 한 명의 불행한 아이에게 온정의 손길이 몰리는 역설적인 일이 일어나고 있다. 효율적 이타주의는 이런 자세를 지양한다. 선의에만 의존한 이타적 행위는 크게 도움이 되지 못하거나 오히려 세상에 해악을 끼칠 수도 있다는 것이다.

뇌는 어차피 이타성을 추구할 수밖에 없다. 인간의 뇌는 살아남기 위해 가장 유리한 가치를 선택하기 때문이다. 그렇다면 합리적인 이타주의자의 조건은 무엇일까? 우리는 인정 욕구를 어떻게 건강한 이타주의로 연결할 수 있을까? 인정 욕구가 인정 중독으로 이어지기 전에 이를 미리 감지하고 더욱 건강한 방향으로 이끌 수 있을까?

3부

이타적인 것이 가장 효율적이다

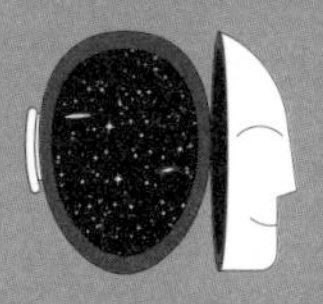

A Journey into the Secret of Altruist's Brain

7장

'합리적' 이타주의자의 조건

인정 중독을 어떻게 극복할 수 있을까

지금까지 우리는 우리 사회를 떠받치는 많은 긍정적인 가치들의 기저에 있는 인정 욕구에 대해 알아보았고 이 욕구에 대한 집착이 어떻게 인정 중독으로 이어지는지 살펴보았다. 또한 이타성과 공정성을 인정 욕구가 발현되는 또 다른 양상으로 보는 새로운 관점을 통해 단순히 인간만의 숭고한 가치로 여겨지던 것들에 대해 전혀 다른 해석이 가능할 수 있음을 제시했다.

그렇다면 인정 욕구는 어떻게 인정 중독이 아닌 건강한 이타성으로 이어질 수 있을까? 건강하고 합리적인 이타주의자의 조건은 무엇일까? 만약 인정 욕구가 인정 중독으로 이어지기 전에 이를 미리 감지하고 건강한 방향으로 이끌 수 있다면 자신과 사회 모두에 긍정적인 변화를 이룰 수 있지 않을까? 이런 질문들에 대한 답을 본격적으로 논의하기 전에 우선 인정 중독을 극복하는 방법에 대해 좀 더 이야기해보자.

앞서 살펴본 것처럼 인정 중독은 다양한 형태의 부정적인 사회적 현상을 초래할 수 있다. 그런데 만약 인정 욕구가 병적인 수준으로 심각해졌을 경우에는 그 욕구를 줄이고 다시 원활한 사회적 소통을 회복할 방법은 없을까? 인정 욕구가 중독으로 넘어가기 전에 적절한 수준으로 유지할 수는 없는 것일까?

아마도 이 질문에 대한 해답은 앞으로 뇌과학자들이 다양한 분야의 전문가들과 함께 찾아나가야 하는 것일 수 있다. 뇌과학이 아직 이러한 문제의 구체적인 해결 방법을 제시하지는 못하지만, 적어도 우리가 가야 할 방향과 목표에 대해서는 이미 중요한 단서들을 제공하고 있다.

지금부터는 우리 뇌가 정보를 처리하는 두 가지 모드, 즉 외부 감각 정보 처리 모드와 내부 감각 정보 처리 모드에 대해 구체적으로 살펴보고자 한다. 그리고 이 두 가지 정보 처리 모드가 어떻게 인정 중독, 아니 거의 모든 종류의 중독 현상을 설명해줄 수 있는지 알아볼 것이다. 나아가 이 두 가지 정보 처리 모드 간의 원활한 상호작용이 인정 욕구를 극복하는 과정과 어떤 관계가 있는지도 살펴보자.

내부 신호를 선택의 기준으로 삼아야 하는 이유

우리의 뇌가 처리하는 정보는 크게 외부 감각 정보와 내부 감각 정보로 나뉜다. 외부 감각 정보는 우리들이 흔히 알고 있는 시각, 청각, 촉각 등과 관련된 정보를 뜻한다.

반면 내부 감각 정보는 심장, 폐 등 내부 장기로부터 오는, 좀 더 생소한 종류의 감각 정보를 가리킨다. 외부 감각 정보 회로와 내부 감각 정보 회로 간의 차이를 설명하기 위해 실내 난방 장치를 예로 들어보자. 우리가 난방 장치의 기준 온도를 25도로 맞추어놓으면 이 장치는 실내 온도의 변화를 계속 모니터링하면서 기준 온도보다 높아지면 냉방을, 낮아지면 난방을 가동시켜 항상 기준치로 유지되도록 작동한다. 이처럼 외부 감각 정보 회로는 외부 환경이 변화함에 따라 미리 설정된 기준점, 즉 가치에 따라서 항상성 유지를 위한 반응을 만들어내는 신경 회로라 할 수 있다. 이에 반해 내부 감각 정보 회로는 신체 내부의 변화에 따라 미리 설정된 기준점인 가치를 재조정하는 기능을 담당한다. 내가 추위 혹은 더위를 느끼면 기준 온도를 조금씩 조정하는 것이다.

외부 감각 정보 회로와 내부 감각 정보 회로는 서로 긴밀하게 상호작용한다. 그러나 의사결정이라는 행동의 관점에서 볼 때, 두 회로는 각기 다른 중요한 기능을 담당하고 있다. 내부 감각 정보 회로는 선택을 위한 가치를 생성하는 기능이 있는 반면에 외부 감각 정보 회로는 이렇게 생성된 가치를 사용하는, 즉 소비하는 기능을 담당한다. 이를테면 '파스타'라는 음식을 보면서 먹고 싶다는 가치 혹은 선호를 갖게 되는 것(외부 감각 정보 회로)은 예전에 파스타를 먹었을 때 이 음식이 우리 신체의 항상성을 회복하는 데 도움을 주었던 경험(내부 감각 정보 회로)을 우리 뇌가 기억하고 있기 때문이다.

가치를 생성하는 과정과 가치를 사용하는 과정은 구분되어 있지만 서로 긴밀하게 소통하고 있다. 그리고 이 두 과정 간의 소통이 원활하지 않을 경우 우리의 선택에는 문제가 발생한다. 앞서 소개했던 예시처럼 어린아이들은 대부분 영양분을 요구하는 신체의 신호에 따라 음식을 섭취한다. 배가 고프면 음식을 섭취하고 배가 부르면 그만 먹는다. 하지만 아이는 성장하면서 점차 내부 신호가 아닌 외부 신호에 따라 음식을 섭취하게 된다. 꼭 배가 고프지 않더라도 옆에서 친구들이 음식을 먹기 때문에, 혹은 점심시간이 되었기 때문에 음식을 먹는 것이다. 이러한 변화에는 물론 합당한 이유가 있다. 신체 항상성의 유지보다 친구와의 원활한 관계 유지가 장기적으로 볼 때 더 중요한 가치가 될 수 있기 때문이다. 이처럼 미래에 발생할 신체 항상성의 불균형을 예측하는 능력이 발달할수록 현재 발생한 불균형은 잠시 무시하는 선택이 빈번하게 발생한다. 이렇듯 내부 감각 신호에 의존해 이루어지던 선택들이 점차 외부 감각 신호에 의존한 선택으로 변화하기 시작한다.

선택의 기준이 일시적으로 변화한다면 큰 문제가 없다. 그러나 이런 변화가 반복되어 변화된 상태가 지속된다면 신체 항상성 유지라는 근본적인 목적에서 점차 멀어질 가능성이 높아지게 된다. 다시 말해서, 신체 항상성 유지가 아닌 외부 신호에 맞춰진 기준에 의해 만들어진 선택들은 점차 신체 항상성의 불균형으로 이어지게 된다. 이를 방지하려면 가치를 사용하는 외부 감각 정보 회로의 작동이 의사 결정의 궁극적 목표인 신체 항상성 유지를 지나치게 훼손할 정도로 내부 감각 정보 회로가 생성한 가치를 왜곡하고 있지는 않은지 끊임없이 체크해야 한다.

이는 마치 사격을 위해 영점을 조정하는 과정이나 자동차 엔진을 튜닝하는 과정에 비유할 수 있다. 총의 영점이 정확히 맞추어져 있지 않으면 아무리 정확히 조준해도 과녁을 맞추기 어렵고, 자동차의 엔진 튜닝이 되어 있지 않으면 충분히 주유해도 계속해서 연비가 떨어지고 속력은 제대로 나오지 않을 수 있다. 이처럼 신체가 보내는 요구 신호를 토대로, 변화하는 상황에 대처하는 안정적이면서도 유연한 가치 기준이 뇌에 형성되어 있지 않으면 아무리 신중하게 선택하려 해도 올바른 선택을 하기가 어렵다.

타인의 시선을 극복하기 위한 자기인식 과정

흔히 '자기의식self-consciousness'과 '자기인식self-awareness'은 동일한 의미로 사용되곤 한다. 하지만 여기서 나는 두 단어의 미묘한 차이를 좀 더 부각해, 이 둘을 각각 다른 심리 현상을 지칭하기 위해 사용해보고자 한다.

우선 자기의식은 타인의 시선을 의식하여 나를 점검하고 관리하는 심리 과정을 가리킨다. 이 과정은 앞서 설명한 외부 감각 정보 회로를 통해 만들어지는 가치의 사용 과정을 말한다. 이와 대조적으로 자기인식은 신체로부터 오는 신호들에 주의를 기울여 새로운 가치를 생성하거나, 아니면 이미 생성된 가치를 수정하는 과정을 가리킨다.

다시 말해 내가 태어난 이후로 지금까지 만나온 수많은 타인과의 경험을 토대로 타인에게서 긍정적인 반응을 이끌어내거나 부정적인 반응을 제거해줄 수 있는 반응을 선택하는 과정이 자기의식이라면, 자기인식은 나의 현재 신체로부터 오는 신호에 주의를 집중함으로써 신체 항상성 유지를 위해 더 좋은 선택을 찾는 과정이다. 우리가 주변 평가에 따라 자신을 바라보는 과정을 자기의식이라 한다면, 그 평가에 대해 스스로 돌아보고 여기에 자신을 맞춰 변화시킬 것인지, 아니면 자신의 가치관에 따라 원래 모습을 고수할 것인지를 판단하는 것은 자기인식인 셈이다.

태어나는 순간부터 우리는 끊임없이 타인의 칭찬과 비난을 받으며, 타인에 의해 자아가 규정되곤 한다. 이렇게 타인에 의해 규정된 자아는 사회 적응 과정에서 필요한 것이지만, 과도할 경우 나의 신체 항상성 유지를 위해 생애 초기에 형성된 본질적인 자아에서 오히려 멀어지게 되기도 한다. 이 두 자아 간 괴리가 커지면 잠시 자기의식을 멈추고 자기인식으로 전환하는 과정이 필요하다. 이러한 전환은 타인에 의해 규정된 자아를 다시 내면의 신호들을 통해 본질적인 자아로 되돌리도록 도와준다. 이미 인류는 산책, 성찰, 명상, 기도 등 수많은 기법을 통해 자기인식 과정으로 전환하는 방법을 발견하고 계발해왔다. 이러한 다양한 기법이 공통적으로 가진 근본적인 원리는 어쩌면 외부 감각 정보 회로의 일시적 차단과 내부 감각 정보 회로의 재활성화가 아닐까?

자기의식에 휩쓸려버리기 쉬운 사회 상황에서 자기인식은 나 자신을 보호할 뿐 아니라 더 나아가 주변 사람들까지 보호할 수 있다. 누군가는 투철한 자기인식 능력이 일부 뛰어난 종교인이나 가질 수 있는 것이라고 생각할지도 모른다. 그러나 어쩌면 우리가 일상에서 사용할 수 있는 자기인식 방법은 의외로 단순할 수 있다. 간단하지만 강력한 효과를 가진 방법이 한 가지 있다. 바로 앞서 공감의 확장을 위해 제안한 자기 감정 인식, 즉 타인과의 관계에서 어떤 감정이 발생할 때마다 그 감정의 원인을 정확히 파악하기 위해 집중하는 것이다.

타인이 무심코 던진 말 한마디에 무시당한 기분이 드는 경우, 누군가의 요구를 거절하지 못하고 따라가야 할 것 같은 압박감을 느끼는 경우, 여러 사람들이 모여앉은 자리에서 타인을 험담하려는 충동을 느끼는 경우 등을 떠올려보자. 이처럼 다양한 상황에서 매번 다른 얼굴로 나타나는 감정들의 근원을 파고들어가다 보면 결국 하나의 몸통을 만나게 된다. 바로 타인으로부터 인정받고자 하는 욕구다.

사실 수많은 종류의 사회적 가치가 타인으로부터 인정받고자 하는 욕구를 실현하는 과정에서 탄생된다. 그러므로 타인과의 관계 속에서 발생하는 여러 감정의 공통적인 원인이 인정 욕구라는 것은 어쩌면 당연한 일일지 모른다. 이렇게 인정 욕구로부터 비롯된 다양한 사회적 감정을 경험하는 것은 피할 수 없는 심리 현상일 것이다.

자신의 감정이 인정 욕구로부터 비롯되었는지 파악하고 자각하는 것만으로도 우리는 사회관계에서 발생하는 대부분의 갈등을 피할 수 있다. 또 사회압력으로부터 자신을 보호할 수도 있다. 뿐만 아니라, 자기인식 과정을 통해 감정이 자신의 인정 욕구에서 비롯되지 않았음을 깨달을 경우에도 더욱 효율적이고 합리적인 해결책을 찾을 수 있다.

인정 욕구는 다양한 사회적 상황에서 나타나는 감정의 주요 원인이 되지만 가장 인식하기 어려운 문제이기도 하다. 오랜 교육과 훈련을 통해 이 욕구를 감추고 포장하기 위해 노력하며 살아온 우리에게 이를 의식 위로 끄집어내 인정하는 것은 매우 큰 용기를 요구한다. 하지만 타인과의 관계 속에서 발생하는 숨은 인정 욕구를 인식할 때 오히려 타인의 시선에서 자유로워질 수 있고 스스로를 위해 더 나은 선택을 발견할 여유를 가질 수 있다.

최근 발표된 한 뇌 영상 연구에 따르면 자신의 감정을 인식하고 평가할 때 활성화되는 뇌 부위와 자신의 심장 박동수에 집중할 때 활성화되는 뇌 부위가 동일한 것으로 밝혀졌다.[104] 바로 신체 표식이 저장되는 뇌섬엽이다. 어쩌면 이 연구 결과는 감정을 인식하는 과정이 단순히 심리적인 현상뿐 아니라, 신체 표식의 활성화까지 수반하는 생물학적 과정이라는 증거가 아닐까?

자기 감정을 인식하는 과정은, 변화하는 환경 속에서 신체 항상성을 유지하기 위해 끊임없이 최적의 선택을 찾아가는 뇌의 적응적 작동 방식일 수 있다. 현재 처한 상황이 자동적으로 촉발하는 반응이 신체 항상성 유지라는 궁극적 목표와 부합하는지 확인하는 과정, 즉 선택의 실질적 주체인 우리 몸에게 다시 한번 최종적인 결정을 구하는 과정이 아닐까? 이러한 과정을 통해 우리는 느리지만 조금씩 의사 결정의 궁극적 목표에 다가가는 반응을 찾아갈 수 있게 된다. 말하자면 자기인식을 통해서 우리 뇌에 저장된 가치들을 새롭게 튜닝하는 과정을 거치는 것이다.

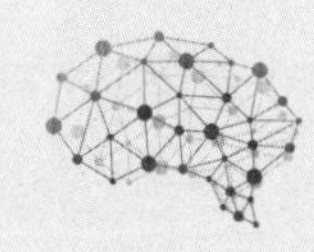

뇌과학 talk talk 8

안정성과 유연성 간의 줄다리기

10억 개에 달하는 신경세포들이 각각 약 1000개의 연결을 갖는 우리 뇌는 천문학적 수준의 처리 용량을 가진 것처럼 보인다. 하지만 우리 뇌가 저장하고 처리해야 하는 정보의 양은 그보다 훨씬 더 엄청나다. 뇌의 정보 처리 용량은 오히려 너무나 보잘것없다고 할 수 있을 정도다. 이렇게 용량이 제한된 저장 매체를 가지고 무한에 가까운 정보를 처리하기 위해서 우리 뇌는 저장해야 할 정보와 그렇지 않은 정보들을 구분해야 한다. 이 구분 작업은 뇌의 적응력을 극대화하기 위해 반드시 필요하다.

따라서 우리 뇌가 수초를 만들 것인지 그대로 둘 것인지에 대한 결정은 매우 신중히 이뤄진다. 이때 중요한 기준은 과연 두 신경세포들 간의 연결이 얼마나 안정적이고 정확한지, 상황에 따라 얼마나 유연하게 변하는지를 판단하는 것이다. 이러한 적응 문제를 신경과학자들은 '안정성과 유연성 간의 딜레마stability-plasticity dilemma'라 부르며 이에 대해 오랫동안 고민해왔다. 우리 뇌는 안정성과 유연성 간의 딜레마를 어떻게 해결해왔을까? 이 복잡하고 어려운 질문에 대한 답을 찾기 위해서는 우리 뇌에서 어느 부분이 어떻게 수초화되는지를 우선 관찰해봐야 한다.

최선의 의사결정을 위한 뇌 속 신경 회로 설계

최근 한 뇌 영상 연구에서 우리 뇌를 수초화가 진행된 정도에 따라 구분한 지도를 보고했다. 이 연구에서는 20대 성인들의 뇌를 관찰했는데, 수초화가 진행된 정도에 따라 뇌의 영역들을 구분해 살펴본 결과 뇌가 영역에 따라 각기 다른 속도로 수초화된다는 것을 확인할 수 있었다.[105]

먼저 수초화가 가장 강하고 빠르게 진행된 영역들에서 가장 눈에 띄는 곳은 일차 시각 피질 영역primary visual cortex, 일차 청각 피질 영역primary auditory cortex, 일차 체감각 피질 영역primary somatosensory cortex 등 주요 감각 피질 영역들이었다. 그 외에 일차 운동 피질 영역primary motor cortex이 포함되었다. 이러한 영역은 외부에 있는 대상들의 형태와 질감을 파악하고 특정 소리의 높낮이를 지각하는 능력, 그리고 이렇게 지각된 감각 정보에 따라 몸의 근육들을 움직일 수 있는 능력 등과 관련되어 있다. 즉 수초화가 빠르게 진행된 대뇌 피질 영역들의 공통점은 바로 우리의 신체에서 외부와 접촉하는 최전선에 위치하고 있다는 것이다.

이 부위들이 담당하고 있는 기능의 공통점은 불변성과 단순성에 있다. 다시 말해 외부로부터 오는 물리적 자극과 직접적인 상호작용을 담당하는 대뇌 피질이 처리하는 정보는 우리가 지구가 아닌 다른 행성으로 이주해가지 않는 이상 특별히 달라질 가능성이 매우 낮다. 따라서 뇌가 발달을 시작하는 초기 단계부터 형성된 연결은 오랜 세월 동안 안정적으로 유지될 수 있다. 이렇게 일차 감각 혹은 일차 운동 피질 부위에서 시작되는 신경세포의 수초화는 점차 인접 부위들, 즉 기본적인 정보들의 조합을 통해 좀 더 복잡한 정보 처리를 담당하는 연합 피질association cortex부위들로 확산해나간다.

그렇다면 수초화가 가장 늦게 일어나는 대뇌 피질 부위는 과연 어디일까? 크게 두 영역이 있는데 바로 복내측 전전두피질과 배내측 전전두피질을 아우르는 내측 전전두피질medial prefrontal cortex과 뇌섬엽이다. 이 두 영역은 의사결정과 가장 핵심적인 관련이 있다. 특히 전자는 주로 선택의 가치를 계산하는 데 관여하고, 후자는 체내 항상성을 감시하며 가치를 수정하는 기능에 주로 관여한다. 그리고 이 두 영역 모두 측핵과 편도체 등 대표적인 정서 관련 뇌 부위들과 긴밀하게 상호 연결되어 있다. 이는 우리 뇌가 안정성을 유지하는 동시에 유연성을 달성하기 위해 실로 놀라운 신경 회로 설계 전략을 취한다는 사실을 보여준다.

다시 말해 우리 뇌의 신경 회로 설계는, 선택을 위한 가치를 계산하는 과정에서 상황에 따라 가치를 수정하는 유연성이 필요하다는 점, 그리고 수초를 형성하여 안정적이고 고정된 연결을 만드는 것은 오히려 적응에 어려울 수 있다는 점을 고려한 결과라고 볼 수 있다. 선택에서 중요하다고 생각되는 가치를 수정할 필요가 있다고 알려주는 신호는 우리 신체의 상태를 끊임없이 모니터링하는 뇌섬엽에서 비롯된다. 여기서도 매 순간 변화하는 신체 상태를 충실히 반영하기 위해 수초화를 통한 안정성 대신 유연성을 선택한 것을 알 수 있다.

나이가 들면 사고의 유연성이 떨어질까?

의사결정을 위한 가치를 판단하는 일은 생존을 위해 가장 중요한 뇌의 기능이라 할 수 있다. 이 과정을 위해 뇌가 정확하고 신속한 정보 전달보다는 유연성을 더 염두에 두고 설계되었다는 점은 참으로 놀랍다. 하지만 이러한 뇌의 유연성이 우리의 일생 동안 항상 동일한 수준으로 유지될 수는 없다. 그렇다면 내측 전전두피질과 뇌섬엽의 수초화 수준도 나이가 들어감에 따라 달라지는 것일까? 이 질문에 대한 해답은 신경과학자들이 찾아가는 중이다.

하지만 나이가 들면서 뇌의 수초화가 과도하게 이루어질 수 있다는 최근 연구 결과들에 비추어볼 때,[106] 20대 성인들에게서는 아직 수초화가 일어나지 않은 내측 전전두피질이나 뇌섬엽과 같이 가치 판단 기능을 담당하는 뇌 기제들에서도 수초화가 일어날 수 있을 것이라 짐작할 수 있다. 또한 그러한 수초화는 가치 판단의 경직성 혹은 가치 판단의 편향으로 이어질 수 있다. 어쩌면 가치 판단의 유연성을 잃은 어른들을 가리키는 '꼰대'라는 비속어는 내측 전전두피질과 뇌섬엽의 수초화와 관련된 것은 아닐까? 우리는 자신만의 확고한 신념을 가지게 되는 나이인 마흔을 '불혹不惑'이라 부르며 삶의 정점을 가리키는 말로 쓰곤 한다. 그러나 뇌과학적 관점에서 이는 가치의 유연성을 잃어가는 시점으로 볼 수 있으며, 그다지 좋은 의미가 아닐 수 있다.

합리적 이타주의자의 탄생

——— 인정 욕구에 관한 뇌과학적 이해를 정책 결정에 활용할 수도 있을까? 얼마 전 나는 우연찮은 기회로 정부 세미나에 뇌과학 전문가로 초빙되었다. 에너지 소비 행태 변화를 위한 정책 방향을 논의하는 자리였는데, 한 번도 경험해보지 못한 기회라 호기심이 발동해서 덜컥 수락부터 했다. 그 뒤에 주최 측에서 보내준 자료들을 훑어보았다. 그런데 현재 지구가 당면한 환경 위기에 대한 다양한 팩트와 객관적 데이터로 구성된 발표 자료들을 보고 있자니, 세미나에서 내가 과연 전문가로서 어떤 의견을 줄 수 있을지 난감해지기 시작했다. 조금은 막막한 마음으로 자료를 검토하던 중 거의 마지막 슬라이드에 있던 문구가 내 시선을 사로잡았다.

"결국 어떤 희생을 치르더라도 인간의 생존 본능이 소비하려는 충동을 이길 것이다!"

매우 공감이 가는 문구였다. 인간에게, 아니 모든 살아 있는 존재에게 생존 본능보다 강한 동기가 있을까? 어떤 소비 충동이라도 살아남고자 하는 동기와 상충된다면 당연히 그 가치를 잃어버리고 말 것이다. 그럼에도 불구하고 동시에 석연치 않은 느낌도 들었다. 소비하려는 충동을 억누르면서 에너지를 절약하고 환경을 보호하려 할 만큼 생존에 위협이 되는 상황은 과연 어떤 상황일까? 내 머릿속에는 핵전쟁 후 모든 자연 환경이 황폐화되고 식수를 보존하기 위해 안간힘을 다하는 인류 최후의 모습을 그린 영화 속 장면들이 펼쳐졌다. 아마 인간이 소비 충동을 억누르면서까지 생존을 위해 노력하는 상황은 이토록 극단적인 상태가 아닐까? 그만큼 절박한 상황이 아니고서야 소비 충동을 억누르기 위해 우리가 생존 본능까지 동원하려 할까?

눈앞에 닥친 위기를 피하는 일에는 별다른 노력이 필요하지 않다. 1초의 망설임도 없이 생존 본능으로 이어지기 때문이다. 그러나 예측하기 힘든 먼 훗날의 후손들에게 닥칠 위기를 피하기 위해 생존 본능을 가동하는 일은 너무나 어렵다. 현재의 내가 지구에 당면한 위기를 떠올리면서 추운 날 보일러 사용을 줄이거나 자가용 대신 대중교통을 이용하는 등 에너지 소비 행동을 바꾸기란 쉽지 않다는 뜻이다. 당장은 생존 본능을 자극하기가 어렵기 때문이다. 설령 가능하더라도 조금만 더 강한 소비 충동이 경쟁 상대로 나타난다면 이런 노력은 여지없이 무너지고 말 것이다. 이는 의지가 약해서도 아니고 자연보호에 대한 인식이 부족해서도 아니다. 단지 우리의 뇌가 작동하는 방식 때문에 이런 노력이 어렵게 느껴질 따름이다.

원하지 않는 것을 선택하게 만드는 심리의 비밀

환경보호의 가치를 생각하는 것은 소비하려는 대상의 가치를 생각하는 것에 비해 상대적으로 더 많은 에너지와 인지적 자원을 요구한다. 에너지 사용을 최소화하려는 우리 뇌는 이 두 가치가 경쟁할 때 거의 항상 후자의 편을 든다. 물론 교육을 통해 환경보호의 가치를 생존 본능과 연결하도록 학습하면서 변화를 이끌어낼 수도 있을 것이다. 하지만 이는 많은 시간과 노력을 필요로 하며 그 효과 역시 만족스럽지 않을 가능성이 크다.

그렇다면 인류 최후의 날이 도래하기 전에는 환경보호라는 가치를 생존 본능과 연결하는 일은 불가능할까? 우리는 흔히 가치에 대한 학습을 통해 선택을 바꾸는 방법만 가능할 것이라 생각하고 그 반대 가능성을 고려하지 않는다. 다시 말해 선택을 통해 가치를 학습하는 방법은 고려하지 않는다는 말이다. 궤변같이 들릴 수 있지만 최근 의사결정에 관한 심리학 연구들은 선호를 통해 선택이 이루어지는 과정뿐 아니라 선택을 통해 선호가 형성되는 과정, 즉 선호가 선택을 따라가는 일 역시 가능함을 보여준다. 대표적인 예로, 원치 않는 학교나 학과를 성적 때문에 어쩔 수 없이 선택했는데 나중에 그 학교나 학과에 대한 선호가 증가하는 경우가 있다. 반대로 선택 사항에서 제외된 것에 대해서는 이전보다 더 낮은 선호나 가치를 갖게 된다는 연구 결과들도 이와 관련된 예다.[107]

가치 학습을 통해 선택을 바꾸는 것보다 선택을 통해 가치를 바꾸는 일이 훨씬 빠르고 강력한 방법이 아닐까? 소비자는 자신이 항상 현명하고 신중한 선택을 내린다고 믿고 싶고 또 남들에게 그렇게 보이고 싶어 한다. 이들에게는 이미 끝나버린 선택이 현명했다고 믿기 위해 그럴 듯한 이유를 찾아내는 것은 중요한 일이 될 수 있다. 이런 인간의 심리는 '인지부조화'라는 이름으로도 잘 알려져 있다.

그런데 여기서 문제가 하나 있다. 애초에 원치 않는 것을 어떻게 선택하도록 만들 것인가? 이 문제를 해결할 방법을 얘기하기 전에 한 가지 유명한 예를 살펴보자. 1997년 도요타는 프리우스라는 이름의 하이브리드 자동차를 처음으로 선보였다. 이른바 환경친화적인 차로 고가에 출시된 프리우스는 전문가들의 우려를 뒤집고 매우 높은 판매 실적을 보였다. 그러나 비슷한 시기에 출시된 혼다의 어코드 하이브리드 자동차는 한때 단종될 정도로 저조한 판매율을 보였다. 이 차이는 어디서 온 것일까? 물론 여러 이유가 있겠지만 나는 개인적으로 두 상품 간의 미묘한 차이에 주목한 해석에 끌렸다.

그 차이는 무척 단순한 것이다. 프리우스는 하이브리드 모델만 존재하는 반면, 어코드는 동일한 모델이 일반형과 하이브리드형 두 가지로 출시되었다. 외관상으로 그 두 가지의 차이는 단지 차 뒷면에 'hybrid'라는 조그만 글씨가 있느냐 없느냐일 뿐이었다. 즉 친환경 자동차라는 점을 누구나 쉽게 인식할 수 있는 프리우스와 달리, 어코드는 그 구분이 매우 어려웠던 것이다. 친환경 자동차라는 사실을 쉽게 인식할 수 있다는 점이 왜 그렇게 매력적인 것일까? 프리우스를 구매한 소비자들은 그 자동차를 구입함으로써 환경을 보호할 수 있다는 점에 만족했다기보다, 다른 사람들에게 자신이 환경보호에 앞장서는 사람으로 보이고 싶었던 것이 아닐까?

인정 욕구가 더 좋은 사회를 만든다

공정성과 이타성의 이면에는 인정 욕구라는 강력한 동기가 숨어 있다. 사실 인정 욕구는 앞에 내세우기에는 꺼림칙하지만 강력한 동기이다. 반면 공정성과 이타성은 그 자체로는 그다지 매력적이지 않지만 앞에 내세우기에는 좋은 간판이 될 수 있다. 따라서 공정성과 이타성은 인정 욕구와 아주 좋은 파트너가 될 수 있다. 마찬가지로 인정 욕구를 등에 업지 못하거나 이를 거스르는 공정성과 이타성은 거의 힘을 쓰지 못할 가능성이 크다.

이런 관점에서 볼 때, 에너지 소비 인식의 전환을 '절약'으로만 교육할 경우 낮은 사회적 지위를 연상시키는 탓에 오히려 인정 욕구와 상충할 수 있다. 어쩌면 이런 교육은 에너지를 과소비하는 행태를 부유함의 상징으로 인식하여 인정 욕구를 충족하는 수단으로 삼도록 하는 역효과를 초래할 수도 있다. 그런가 하면 에너지 소비를 줄이는 행동의 이타적 측면을 지나치게 강조하는 홍보 역시 문제가 될 수 있다. 이타적 행동을 통해 인정 욕구를 추구하려는 사실이 너무 빤히 드러날 수 있기 때문이다.

앞서 이야기한 바와 같이 이타적 행동은 타인의 인정이라는 보상을 수반하며 질투심과 동일한 심리 반응을 유발할 수도 있다. 따라서 특정한 에너지 소비 행동의 이타적 측면을 과도하게 부각할 경우, 오히려 타인의 질투심을 염려하여 그 행동을 회피하게 될 수도 있다. 이러한 현상은 다른 이들의 이타성을 통한 사회적 지위 향상을 경계하는 분위기가 높은 문화일수록 더 두드러질 것이다.

에너지 소비 행태 변화와 환경보호라는 이슈는 우리에게 필요한 수많은 중요한 결정 가운데 극히 일부에 불과하다. 지속 가능한 사회를 갈망하는 개인의 동기를 인정 욕구와 연결할 수 있을 때 그 동기는 스스로 나아갈 수 있는 강력한 추진력을 얻는다. 하지만 이와 동시에 과도한 인정 욕구가 오히려 사회 목표를 방해하지 않도록 경계하는 것 역시 중요하다. 이런 관점에서 인정 욕구에 대한 과학적 이해는 학문적인 목적 이상의 의미를 가진다. 바람직한 사회를 구현하기 위해 구성원들의 행태에 변화를 주고 싶다면 사회적·정치적 상황에서 인정 욕구가 표현되는 방식을 깊이 이해해야 한다. 인정 욕구는 교육이나 행정 정책, 법률 제정 등 거의 모든 종류의 의사 결정 과정에서 핵심적으로 고려해야 할 사항이 될 수 있다. 인정 욕구에 관한 과학적 이해는 의사 결정 상황에서도 보다 근본적이고 효과적인 문제 해결 방법을 찾는 데 큰 도움이 될 수 있을 것이다.

진보주의자가 도덕성에 더 민감한 이유

언젠가 명동 거리를 지나가는데 현수막에 쓰인 문구 하나가 눈길을 끌었다. "군대에서 항문 성교 허용이 웬 말인가?" 군형법 추행죄 폐지를 둘러싸고 군대에서의 동성애에 제동을 걸기 위한 보수 입장의 주장이었다. 동성애에 관한 논의는 국내에서는 여전히 논란거리다.

사실 시대적 변화와 인권에 입각하여 새로운 윤리 기준을 주장하는 진보의 입장이 전통적인 윤리관을 지키고자 하는 보수의 입장과 부딪히는 일은 흔하게 볼 수 있다. 과연 진보와 보수는 대립할 수밖에 없는 운명일까? 대부분의 의견 충돌은 상대방에 대한 이해 부족에서 기인한다는 점을 고려할 때 과학적 수준에서 진보와 보수에 대해 좀 더 깊이 이해해보려는 시도는 의미 있을 것이다.

얼마 전 한 뇌 영상 연구에서 정치적으로 보수적인 사람들의 뇌와 진보적인 사람들의 뇌를 비교했을 때 기능적으로도 구조적으로도 차이가 있다는 점을 보여줘서 사회적으로 큰 반향을 일으킨 바 있다. 이러한 주장의 시발점이 되는 첫 번째 연구에서는 'Go/No

Go' 과제라는 이름의, 단순하지만 쉽지 않은 실험이 이뤄졌다.[108] 이 실험에서 참가자는 컴퓨터 화면에 1초에 하나씩 알파벳이 제시될 때마다 버튼을 눌러야 한다. 다만 한 가지 예외가 있다. 알파벳 'X'가 나올 때엔 버튼을 눌러선 안 되는 것이다. 그런데 'X'가 나올 확률은 상대적으로 낮기 때문에 참가자들은 'X'가 등장할 때도 실수로 버튼을 누르기 쉽다.

한편 이 실험을 수행하기 전 참가자들은 자신이 정치적으로 보수적인지, 진보적인지 보고하는 설문지를 작성했다. 그리고 참가자들의 과제 수행 능력과 실험을 진행하는 동안 EEG(Electroencephalogram, 신경세포가 발생시키는 전기적 신호를 증폭해 기록하는 뇌 활동 측정 방법)라는 장비를 사용해 뇌에서 발생하는 뇌파를 측정하였다.

이전 연구결과에 따르면, Go/No Go 과제를 수행하는 동안 실수를 할 때 사람들의 뇌, 특히 배내측 전전두피질 부위의 신호가 증가한다는 사실을 관찰한 바 있다. 이 신호는 '실수 관련 부정 전위 error-related negativity'라는 이름으로 알려져 있는데, 오류를 탐지하고 이후 수행을 향상시키는 데 중요한 역할을 담당한다. 이러한 이전 연구 결과를 토대로, 보수적인 사람들과 진보적인 사람들 간에 실수 관련 부정 전위에서 차이가 있는지 관찰해보았다.

실험 결과, 보수적인 사람들이 진보적인 사람들에 비해 더 많은 실수를 하는 것을 확인할 수 있었다. 이와 동시에 측정된 뇌파 자료를 분석한 결과 진보적인 사람들은 보수적인 사람들에 비해 실수를 하는 순간 배내측 전전두피질의 신호가 더 높은 수준으로 증가했다. 이 실험보다 더 최근에 이루어진 다른 연구는 이 부위의 기능적인 활동 수준뿐 아니라 구조적인 면에서도 진보적인 사람의 뇌와 보수적인 사람의 뇌는 차이를 보인다는 것이 확인됐다.[109] 정치적 성향에 따라 대뇌 피질의 두께가 달라지는 영역을 살펴본 이 연구에서는, 참가자들의 정치적 진보 성향이 증가할수록 배내측 전전두피질의 두께가 증가한다는 사실을 확인했다. 이러한 연구 결과들은 진보적인 사람의 실수를 감지하고 이를 바로잡는 능력이 보수적인 사람보다 더 뛰어나다는 걸 보여주는 결과로 볼 수 있을까?

진보주의자가 보수주의자의 뇌보다 실수에 민감하다

보수주의자와 진보주의자의 차이를 뇌 구조 비교로 설명하는 것은 신선한 관점을 제공한다. 좋고 나쁨의 이중적인 잣대를 벗어나 보수는 진보를, 진보는 보수를 이해하는 데 중요한 자료를 제공한다는 점에서 다분히 환영할 만한 일이다.

그런데 위에서 소개된 연구 결과를 해석하는 데 가치를 부여하는 순간 위험에 빠질 우려가 있다. 다시 말해서, 오류에 더 민감하게 반응하고 이를 수정하려 노력하는 진보주의자가 보수주의자에 비해 더 우월하다는 식으로 해석하는 이들이 있다. 뿐만 아니라 이 결과를 변화와 새로움을 두려워하는 보수주의자의 인지적 특성의 증거로 간주하여 이들의 우매함을 조롱할 만한 근거로 사용하는 사람들도 있다. 과연 보수주의자의 뇌는 새로움과 변화를 받아들이기 어려우며, 진보주의자의 뇌에 비해 열등한 것일까?

저명한 도덕심리학자인 조너선 하이트Jonathan Haidt에 따르면, 지금까지 우리는 개인 중심 차원에서의 도덕성에만 초점을 맞추고 집단 중심 차원의 도덕성에는 상대적으로 소홀했다.[110] 개인 중심 차원에 해당하는 도덕성에는 개인의 고통을 피하고 형평성에 입각한 사회 정의를 추구하는 행위들이 해당된다. 이와 대조적으로 집단 중심 차원의 도덕성에는 사회적 위계질서를 지키고 공동체의 목표를 추구하는 행위가 포함된다. 따라서 진보와 보수의 차이는 인지적 정보 처리 과정에서 나타나는 우열 때문이 아니라, 서로 추구하는 도덕성의 목표가 다르기 때문에 나타나는 것으로 볼 수 있다. 다시 말해, 진보는 개인 중심 차원의 도덕성을, 그리고 보수는 집단 중심 차원의 도덕성을 추구한다는 것이다.

이러한 진보와 보수의 차이를 지금까지 우리가 살펴본 가치 판단 뇌 기제와 관련지어 설명해볼 수 있을까? 우리 뇌에서 가치 계산과 밀접하게 관련된 복내측 전전두피질과 배내측 전전두피질의 기능은 비교적 구분되어 있으며, 전자는 직관적 가치 판단, 후자는 분석적 가치 판단에 주로 관여하고 있다. 복내측 전전두피질은 과거에 성공적으로 보상을 얻을 수 있었던 선택의 가치에 완고하게 집착한다.

반면 배내측 전전두피질은 복내측 전전두피질에 저장된 직관적 가치들 간의 충돌을 감지하여 현재 상황에 가장 적절한 새로운 선택의 가치를 계산해내고, 이처럼 새롭게 계산된 가치를 다시 복내측 전전두피질에 저장하는 역할을 담당한다. 하지만 여기서 중요한 점은 이 두 기제를 서로 독립적이거나 상호배타적인 것으로 이해해서는 안 된다는 점이다. 이 두 기제는 상호보완적이며 더 높은 차원의 목표를 위해 협력하고 상호작용하는 관계로 이해하는 것이 더 적절하다.

최적의 의사결정을 위한 건강한 균형

진보와 보수라는 두 정치 세력의 기능을 다음과 같이 설명할 수도 있겠다. 복내측 전전두피질로 비유할 수 있는 보수의 기능은 이전의 성공 경험을 토대로 검증된 가치를 좀 더 효율적이고 안정적으로 추진하는 정책을 지지하는 것이다. 반면 배내측 전전두피질로 비유할 수 있는 진보의 기능은 오랫동안 관습처럼 굳어져버린 가치와 끊임없이 변화하는 상황 간의 충돌을 찾아 해소하는 것이다. 이 과정을 통해 유연하게 기존 가치를 수정하거나 전혀 새로운 가치를 창출해낸다.

안정성과 유연성이 적절하게 균형을 이룰 때 우리 뇌는 환경 변화에 따라 효율적으로 기존 가치를 수정할 수 있다. 보수와 진보가 서로 균형을 이루고 상호보완적 기능을 충실히 이행할 때, 비로소 그 국가는 중요한 전통 가치를 살려 안정성을 유지하는 동시에 시대적·상황적 변화에 따른 새로운 가치를 만들어낼 수 있을 것이다.

한 개인의 성공적인 적응을 위해 감정이 발생할 때 그 근원을 들여다보는 자기인식이 필요한 것처럼, 진보와 보수 간에 충돌이 발생할 때 그 근본적인 원인을 파악하기 위해 노력하는 것이 중요하다. 이러한 국가 차원의 자기인식 과정을 통해 진보와 보수 중 한쪽으로 과도하게 편향된 불균형 상태를 피할 수 있게 되고 둘 간의 건강한 균형을 이룰 수 있다. 계층 간, 세대 간, 지역 간, 젠더 간 갈등들이 넘쳐나는 현대 사회에서 보수와 진보 사이의 건강한 균형은 더욱 절실히 요구된다. 갈등 이면의 원인에 집중하는 자기인식이 필요한 시점이다.

'선의'에만 의존하는 것은 왜 위험한가

'효율적 이타주의effective altruism'란 말을 들어본 적이 있는가? 간단히 말하자면 더 나은 세상을 만드는 가장 효과적인 방법을 찾아 실천하는 운동이다. 철학자 피터 싱어Peter Singer 교수는 저서 《효율적 이타주의자The Most Good You Can Do》에서 타인을 도울 때 더 이상 "감정이 아닌 이성으로 판단을 해야 한다"라고 말한다. 예를 들어, 오늘도 죽어가고 있는 전 세계 수십만 명의 아이들보다 미디어가 찾은 한 명의 불행한 아이에게 모든 온정의 손길이 몰리는 역설적인 사례는 우리 주위에서 쉽게 찾아볼 수 있다. 그러나 효율적 이타주의는 이런 자세를 지양한다. 선의에만 의존한 이타적 행위는 크게 도움이 되지 못하거나, 오히려 세상에 해악을 끼칠 수도 있다는 것이다.

나 역시 우리 사회는 기부의 비중을 최소한으로 줄이기 위해 지속적으로 노력해야 할 필요가 있다고 생각한다. 도움을 필요로 하는 사람들에 대한 기부를 줄여야 한다니 의아하게 여길지도 모르겠다. 여기서 말하는 기부는 주로 개인 차원이나 기업 차원에서 선의로 자신이 가진 유형 혹은 무형의 자원을 양도하는 행위를 말한다. 물론 타인에게 도움을 주려는 행위 자체를 문제 삼기는 어렵다. 그러나 이타적 동기는 타인에게 인정받고 싶은 욕구로부터 비롯되었다는 점을 항상 인식하고자 노력할 필요가 있다.

누군가는 이러한 주장이 기부한 사람의 선의를 퇴색시키는 것 같아 불쾌하다고 느낄 수도 있다. 하지만 기부한 사람이 자신의 동기를 순수한 선의로만 인식한다면, 그는 기부를 통해 얻는 즐거움을 자신의 뛰어난 도덕성으로 착각할 수 있다. 또한 이 경우 기부 뒤에 타인에게 받는 칭찬과 인정은 기부한 사람의 사회적 지위와 도덕적 우월감을 고취하고 강화하는 데 기여할 수 있다.

효율적 이타주의의 완성

이보다 더 심각한 문제는 이러한 도덕적 우월감이 필연적으로 상대적일 수밖에 없다는 사실에 있다. 따라서 도덕적 우월감은 자신보다 덜 도덕적인, 혹은 덜 순수한 선의를 가진 것으로 보이는 타인을 평가하고 비난하는 데 사용될 수도 있다. 또한 상대적인 도덕적 박탈감은 기부자들에 대한 시기와 질투로 표출될 수 있다. 이 때문에 이타적 행동 뒤의 선의를 지나치게 강조하는 문화에서는 오히려 이타적인 행동을 찾아보기 어려울 수 있다.

유명 인사들이 자신의 기부 액수를 공개하길 꺼려하는 것도 바로 이런 이유 때문일지 모른다. 따라서 타인을 향한 이타적 동기를 경험할 때, 세심한 자기인식을 거쳐 그 감정의 근원을 의식의 수면 위로 끌어내는 과정이 필요하다.

그러면 이러한 자기인식 과정을 통해 자신이 느낀 이타적 동기가 결국 인정 욕구로부터 비롯되었음을 인식하게 될 때, 우리는 결국 이타적인 행동을 포기하게 될까? 이 질문에 답하기 전에 고려해야 할 중요한 점이 있다. 바로 인정 욕구를 충족시키는 수많은 선택지 가운데 왜 하필 타인을 돕는 이타적 행동을 선택했는가 하는 점이다. 이 감정의 근원을 따라갈 때, 우리는 타인의 문제가 나의 안녕과 무관할 수 없다는 사실을 깨달을 수 있다. 예를 들어 빈부 갈등 문제나 환경 문제는 먼 길을 돌고 돌아 결국 나에게로 향하는 화살이 될 것임을 알게 될 것이고, 따라서 나의 확장된 이기적인 생존 욕구는 이 문제들의 해결을 요구할 수밖에 없다. 그리고 이런 깨달음은 이전보다 더 큰 동력을 가진 이타적 행동으로 이어질 수 있다.

다시 말해 내가 이타적 행동을 포기하더라도 사회 전체적으로 볼 때 기부를 필요로 하는 사회 문제는 여전히 남아 있다. 또 그 문제는 나의 안녕에도 위협을 줄 수 있다. 이런 이유로 이타적 동기에 대한 자기인식 과정은 오히려 더욱 전략적이고 체계적인 이타적 행동으로 이어질 가능성이 높다는 것이다. 이 경우 우리는 최소의 비용과 노력으로 최대의 효과를 얻을 수 있는 이타적 선택을 찾으려 할 것이다. 전 세계적으로 확산되고 있는 효율적 이타주의는 바로 이러한 현상을 보여주는 사례다. 효과적 이타성은 기부가 필요한 사회 문제에 다수의 관심을 집중시켜 제도적 지원을 만들어줌으로써 더 이상 개인의 '선의'에 의존한 기부 행동을 필요로 하지 않는 상태를 지향하는 것이다.

'불확실한' 진행형을 받아들이는 태도

언젠가부터 현대 사회에서 '불확실성'은 곧 문제로 인식되고 있다. 물론 안전을 중시하는 현장에서 불확실성은 피해야 할 대상이 될 수 있고, 이를 최대한 줄이기 위해 노력할 필요도 있다. 그러나 불확실성에 대한 불안이 과도해 불확실한 상황을 도저히 견디지 못하는 상태도 분명히 문제가 된다. 이러한 심리 상태는 현재의 불확실한 상황을 어떻게든 확실한 상황으로 바꾸려는 욕구로 이어질 수 있으며, 오히려 더 큰 문제를 불러일으킬 수 있다. 대부분의 사람들은 자신의 의견이나 생각이 확고한 것이라고 믿게 되는 순간 타인의 생각을 쉽게 받아들이지 못하기 때문이다. 이러한 의견 차이는 거의 모든 사회 갈등의 핵심 원인이 되곤 한다.

합리성과 공정성의 본질은 '확실한' 완성형이 아니라 '불확실한' 진행형일지 모른다. 합리성이나 공정성을 완성된 결과나 상태로 보면 오히려 그 본질을 왜곡하는 오류를 범할 수도 있다. 또한 합리적 사고나 공정한 판단의 기저에 자리 잡은 자기중심적 속성을 제대로 인식하지 못할 때 자신의 의견이 절대적이라 믿기 쉽다. 이러한 비유연성은 오히려 소통 불능으로 이어질 수도 있다.

한 사회 내에서 생성되는 합리성과 공정성은 각 개인이 갖고 있는 독특한 욕구들이 한데 모이는 상황에서 서로 부딪히며 조각되는 가치일 것이다. 그러므로 각 개인이 추구하는 합리성은 자신의 의견이나 태도에 있는 자기중심성을 인정하고 적극적으로 상대방의 감정을 이해하려는 태도로부터 시작될 수 있다. 어쩌면 자신의 자기중심성을 인정하는 태도야말로 현대 사회 문제를 해결하는 데 가장 절실히 요구되는 것일지도 모른다. 자신이 추구하던 공정함이나 합리성의 기준이 항상 옳지 않다는 것을 알고 수정이 필요할 경우 이를 빨리 실행에 옮길 수 있는 능력, 이것이야말로 진정 합리적이고 공정한 사람의 특성이 아닐까? 이렇게 끊임없이 자기중심성을 인정하고 자신이 믿는 공정성과 합리성을 의심하는 과정을 통해 우리는 느리지만 조금씩 완성형에 근접할 수 있을 것이다.

8장

인간의 뇌는 살아남기 위해 변화한다

뇌는 가장 유리한 가치를 선택한다

—— 인정 욕구를 건강하게 발현하는 방법으로는 어떤 것이 있을까? 그 방법을 알아보기 전에 사회적 가치가 형성되는 가장 중요한 발달 단계라 할 수 있는 사춘기의 뇌에 대해 먼저 알아보자. 인간의 본성을 성찰하는 인문학은 사회적 시스템의 틀을 형성하는 데 핵심 역할을 담당한다. 이처럼 인간 본성을 규명하는 뇌과학 역시 다양한 분야에서 사회 시스템의 작동을 점검하고 개선하는 데 중요한 정보와 자료들을 제공한다.

'중2병'이라는 단어는 이미 많은 사람들이 알고 있다. 나는 하나뿐인 아들이 중학교 2학년이 되던 해 이 말 뒤에 숨어 있는 의미를 충격적일 정도로 생생하게 이해하게 되었다. 아직 아이 티가 가시지 않았던 중학교 1학년까지만 해도 아들은 매일 까르르 웃으며 가슴에 폭 안기곤 했다. 그런데 어느 날 아침 별 의미 없이 평소처럼 "아침부터 또 게임이야?"라는 말을 건네자, 아들이 느닷없이 무섭게 쏘아보며 "아, 뭐가요!" 하고 고함을 질렀다. 전에는 그렇게 대든 적이 없었기에 나는 가슴이 콩닥거릴 정도로 놀랐다. 그러나 가까스로 마음을 추스르고 그 충격을 신경과학자로서의 궁금증으로 승화하고자 노력했다. 아마도 이날의 충격이 나의 연구 방향을 크게 바꾸는 계기가 되지 않았나 싶다.

뇌 영상 연구 결과에 따르면, 사춘기 초기에 들어선 아이들의 뇌에서는 신경세포를 포함하고 있는 대뇌 피질의 회백질gray matter 크기가 급격히 증가한다. 그런데 이 회백질은 사춘기가 끝날 무렵 그 크기가 다시 줄어들기 시작해 이어 뒤집힌 U자 모양의 곡선 형태로 변화한다.[111] 이러한 발달 패턴은 동물 연구들을 통해서도 검증되었다. 사춘기 초기의 뇌에서는 축색돌기와 시냅스의 과잉 생산이 이뤄지고 사춘기 후기로 들어서면서 그 생산이 다시 급격하게 감소하는 것으로 해석될 수 있다.[112] 좀 더 최근에 이뤄진 연구에 따르면, 사춘기 후기에 급격히 신경세포의 수가 줄어드는 대뇌 피질 부위는 주로 복내측 전전두피질 부위에서 관찰된다.[113] 이 부위에 위치한 신경세포들은 사춘기가 시작되면서 그 수가 급증하고 사춘기가 끝날 때쯤 다시 감소하는 것으로 보인다.

사춘기의 시작과 함께 세포 수와 연결들이 급증했다가 사춘기가 끝나면서 다시 감소하는 신경계 발달 과정의 정확한 원인은 아직 알려져 있지 않다. 그러나 현재로서는 이러한 과정이 사춘기에 들어선 아이들이 환경에 좀 더 성공적이고 효율적으로 적응할 수 있도록 뇌를 다시 '리모델링remodeling'하는 과정이라고 보는 견해가 가장 유력하다.[114]

그렇다면 이러한 변화가 주로 가치 판단 기능을 담당하는 것으로 알려진 복내측 전전두피질에서 가장 두드러지게 나타나는 이유는 무엇일까? 이 질문에 대한 답 역시 아직 밝혀져 있지 않다. 그러나 아마도 사춘기 이후에 살게 될 삶의 대부분을 이끌어갈 중요한 사회적 가치들이 이 시기에 형성된다는 사실과 관련이 있을 것이다. 말하자면, 자신의 생존 가치를 극대화하는 방법을 찾기 위해 시행착오를 거쳐 다양한 가치를 테스트해보는 시기가 바로 사춘기일 수 있다. 그리고 이 중 가장 성공적일 것으로 기대되는 가치들을 선별해서 집중하고자 하는 뇌의 생존 전략이 아닐까? 어쩌면 이 질문의 답을 찾아가는 연구는 삶에서 중요한 가치들이 형성되는 신경학적 발달 과정을 이해하는 데 가장 핵심적인 역할을 할 수 있을지도 모른다.

사춘기에 다양한 경험이 필요한 이유

전전두피질, 특히 복내측 전전두피질이 급속히 발달하고 재조직화되는 사춘기는 평생 동안 개인의 선택을 이끌어갈 핵심적인 삶의 가치가 형성되는 중요한 시기일 수 있다. 이 기간 동안 얻었던 보상의 경험들과 성공적인 위기 극복의 경험들은 어느 하나 헛되이 버려지는 것 없이 복내측 전전두피질 안에 저장된다. 그리고 이러한 경험이 많을수록 복내측 전전두피질 내에는 여러 다양한 가치가 서로 균형을 이루며 성장할 수 있는 토대가 마련된다. 반대로 이 시기에 경험이 제한된다면 복내측 전전두피질에 적은 수의 가치들이 과도하게 발달하게 되어, 이로 인해 가치들 간 불균형이 발생할 가능성이 커진다. 복내측 전전두피질 내에 다양한 가치가 균형적으로 발달하는 토대가 마련되면, 미래에 겪게 될 크고 작은 정서적·사회적 갈등을 효과적으로 해소하기 위해 필요한 기초 역량을 갖출 수 있다.

위의 내용을 좀 더 쉽게 이해하기 위해 비유를 들자면 다음과 같다. 예를 들어 물을 얻기 위해 집 주변에 우물을 판 김 씨의 상황을 가정해보자. 땅이 워낙 단단해 삽으로 흙을 파내고 지하수를 얻기까지의 과정은 결코 쉽지 않았다. 하지만 그는 고생 끝에 하나의 우물을 뚫는 데 성공했고 이 우물을 통해 수월하게 물을 얻을 수 있었다. 그런데 일단 우물을 하나 뚫고 마음이 놓인 김 씨는 더 이상 고민하지 않고 계속 그 우물에서만 물을 얻었다. 그러던 어느 날 심각한 가뭄이 와서 우물이 말라버렸다. 처음에 우물을 파기 위해 사용했던 삽은 녹이 슬어 쓸 수 없었고 물을 얻을 다른 방법이 없었다. 반면 이웃집 정 씨는 김 씨와 달리 하나의 우물에만 의존하지 않았다. 더 수월하게 많은 물을 얻을 수 있는 우물을 찾기 위해 끊임없이 다른 곳들을 탐색하고 우물 파는 작업을 시도했다. 그 결과 가뭄이 왔을 때 처음에 팠던 우물은 말라버렸지만, 여분으로 파놓은 다른 우물들을 통해서 물을 얻을 수 있었다.

이 비유는 사춘기를 거치면서 제한된 보상에만 과도하게 몰입하는 경험이 초래할 수 있는 문제점을 이해하는 데 도움이 된다. 앞서 언급한 바와 같이 중독은 제한된 종류의 보상에만 과도하게 몰입하는 상태이다. 타인의 인정과 칭찬이라는 보상에 과도하게 몰입하는 상태 역시 중독이라 할 수 있다. 그런데 이런 상태가 사춘기 내내 지속될 경우 복내측 전전두피질에 형성되는 가치들의 수는 제한될 수밖에 없다. 이는 마치 더 이상 나올 것이 없는 우물을 계속 파는 일과 같아서 에너지 소모가 클 뿐 아니라 이로부터 얻는 만족감 또한 점차 감소한다.

신경계의 발달과 가소성이 활발하게 유지되는 사춘기에는 다양한 우물을 확보하는 것처럼 다양한 경험을 통해 만족감을 주는 선택의 범위를 넓혀가는 것이 중요하다. 이러한 경험을 통해 선택에 영향을 미칠 수 있는 가치들을 위한 신경학적 연결을 새롭게 만들어갈 수 있을 것이다. 아마도 이런 과정은 사춘기를 거치면서 복내측 전전두피질 내 신경세포의 수가 감소하기 시작하고, 이미 우세하게 자리 잡은 연결들을 강화하기 위한 수초화가 진행됨에 따라 점점 진행되기가 더 어려워질 것이다. 그리고 마찬가지로 만족감을 얻기 위해서 우리 뇌가 선택할 수 있는 가치들의 종류는 점차 제한될 수 있다.

인정받는 방법을 스스로 찾게 하는 교육

인정 욕구는 아이들이 미래에 경험할 수 많은 사회관계를 이끌어가는 주된 동력이다. 따라서 이러한 욕구가 어떻게 생겨나 선택에 영향을 미치며, 어떤 과정을 거쳐 긍정적 혹은 부정적 결과로 이어질 수 있는지를 스스로 인식하도록 도와주는 일은 매우 중요한 교육 목표가 될 것이다. 사회 구성원 모두가 각자 사회적으로 바람직한 테두리 안에서 건강한 방식으로 타인에게 인정받는 방법을 스스로 찾아내고 체득하도록 교육 시스템이 도움을 줄 수 있어야 한다.

흔히 인간 본성의 근원을 세 가지 관점을 통해 바라본다. 먼저 성선설은 인간이 남을 배려하는 착한 마음을 가지고 태어난다고 보는 관점이다. 두 번째는 성악설이다. 이 관점은 사람은 애초부터 다른 사람을 시기하고 질투하며 경쟁하는 욕구를 가지고 태어난다고 보는 것이다. 마지막으로 선과 악 중 어느 것도 타고나지 않으며, 오로지 경험을 통해 학습이 이루어진다고 보는 관점이 있다. 세 가지 관점 모두 나름 설득력이 있으며 이 중 어느 하나만이 옳다고 꼽기란 매우 어렵다.

위의 세 가지 관점을 모두 아우르는 또 다른 관점으로 인정 욕구를 중심으로 한 새로운 관점을 고려해볼 필요가 있다. 사실 인간은 모두 타인에게 인정받고 싶은 욕구를 끊임없이 추구하도록 유전적으로 결정되어 태어나는 것이 아닐까. 이러한 인정 욕구는 지금까지 살펴본 바와 같이 선과 악 중 어느 형태로든 표현될 수 있는 가능성을 지니고 있다. 아이들 스스로 자신의 인정 욕구를 정확하게 인식하고, 건강한 방식으로 인정받을 수 있는 여러 가능성을 자유롭게 탐색하도록 돕는 교육 정책을 진지하게 고려해보아야 할 시점이다.

"네 심장 소리에 귀를 기울여봐."

도덕성과 이타성이라는 주제에 그다지 관심이 없는 사람들도 분명 있을 것이다. 하지만 이들에게도 어떤 선택이 좋으며 어떤 선택이 나쁜지는 매우 중요한 관심사이다. 좋은 선택과 나쁜 선택을 구분하는 일은 아마도 선택을 직관적인 것과 논리적인 것으로 양분하려는 시도만큼 어려운 일일지도 모른다. 그렇다면 좋은 선택을 이야기하는 것은 전혀 불필요한 일일까? 대체 뇌과학에서 바라보는 좋은 선택이란 어떤 것일까?

특정 집단의 이익을 대변하기 위해 선출된 국회의원, 혹은 자치구 대표자의 경우를 생각해보자. 주민들에 의해 선출된 국회의원은 자신이 대표하는 지역의 입장을 알린다. 또한 국가 차원의 정책을 결정하는 상황에서 지역 주민들의 이해관계가 무시되지 않도록 적극적으로 나서는 역할을 담당한다. 대표자들은 한자리에 모여 각자 의견을 공개하고 논의를 거쳐 국가라는 보다 상위 집단의 이익을 극대화하기 위한 최적의 결정을 도출한다. 이러한 의사결정 시스템 덕에 중요한 정책을 결정할 때마다 매번 전 국민을 대상으로 국민 투표를 거치는 번거로움을 피하고 대표자들의 논의만으로 빠르게 결정할 수 있게 된다. 보다 효율적인 의사결정이 가능해지는 것이다.

우리 신체 다양한 기관의 원활한 작동을 위해 필요한 정보들은 뇌에 저장되어 있고, 이러한 정보들을 '신체 표식somatic marker'이라 부른다.[115] 국회의원의 역할은 신체 표식의 기능과 매우 닮았다. 실제로 복잡하고 빠르게 변화하는 환경에서 신속하고 적응적인 의사결정을 가능케 하는 신체 표식은 생존에 매우 중요한 역할을 한다. 뇌 속에 저장된 신체 표식이라는 경험의 흔적을 통해서 우리는 실제로 어떤 상황에 직접 처하지 않더라도 그 상황이 유발하는 정서적 경험을 비교적 생생하게 머릿속에서 상상해낸다. 선택을 위한 상황에서 이러한 신체 표식은 특히 유용하다. 선택을 내려야 하는 시점에서 미리 선택 후의 정서적 경험을 정확하게 상상할 수 있다면 우리가 훨씬 더 만족스러운 선택을 할 가능성이 높아지기 때문이다.

그런데 신체 표식을 참조하면 항상 신체 요구에 잘 부합하는 선택을 내릴 수 있는 것일까? 현실 정치를 보면 알 수 있듯이 대표자를 선발해서 대신 결정하는 시스템에는 항상 문제점이 있을 수밖에 없다. 가장 흔한 문제점이라면 아마도 신체의 요구를 대표해야 할 신체 표식이 실제로는 대표 역할을 제대로 못하는 경우이다. 개체의 생존이라는 더 중요한 목표를 위해 특정 신체 부위의 요구 사항이 일시적으로 무시될 수 있다. 하지만 이러한 상황이 단발성이 아니라 계속해서 발생한다면 문제는 심각해진다. 국가 위기 상황에 대처하기 위해 일부 지역의 민생을 무시하는 정책이 지속된다면 그 국가는 또 다른 내부적 위기를 맞게 될 것이다. 생존을 위해 내린 선택이 오히려 생존을 위협하는 결과를 초래하는 것이다.

좋은 선택을 해야만 한다는 강박

많은 잘못된 혹은 부적절한 선택은 좋은 선택을 해야만 한다는 조바심에서 비롯될 수 있다. 다이어트를 하기 위해 지나치게 불규칙하거나 불균형한 식단을 선택하는 경우, 좋은 직장에 들어가기 위해 이른바 '스펙' 쌓기에만 과도하게 열중하는 경우 등이 이에 해당된다. 우리들이 '좋은' 선택이라 규정하고 추구하는 가치는 대부분 신체 항상성 유지를 통한 생존 가능성 극대화라는 궁극적 목표보다는, 이로부터 파생되어 나타난 도구적 목표일 가능성이 높다.

돈, 명예, 사회적 지위 등 복잡하고 추상적인 형태의 보상이 도구적 목표의 대표적인 예이다. 한번 균형 상태를 회복하면 바로 사라지는 궁극적 욕구와 다르게 도구적 욕구는 균형 상태에 대한 기준이 불분명하다. 마치 높이 뛰기 경기에서 이전 시행에서 성공하면 계속해서 막대를 높이는 것처럼, 한번 보상을 받으면 다음번 기준은 더 높아진다. 따라서 이러한 도구적 목표를 향해 나아가는 행동은 중단하기 어렵고 항상 더 강한 보상을 향해 끊임없이 지속되기 쉽다.

역설적으로 들리겠지만, 어쩌면 좋은 선택을 해야만 한다는 생각을 과감히 버릴 때 비로소 좋은 선택의 기회가 찾아올지 모른다. 항상 더 강력하고 효과적인 보상을 갈구하는 우리 뇌의 속성을 볼 때 이는 물론 쉬운 일은 아니다. 우리가 좋은 선택을 내리기 위해 가장 쉽게 시도해볼 수 있는 방법이 하나 있다. 좋은 선택을 하고 싶다는 충동을 느낄 때마다 한발 물러서서 그 이유를 좀 더 곰곰이 생각해보는 것이다. 인생을 뒤바꿀 수도 있는 중대한 결정을 앞둔 상황에서 우리는 종종 이런 조언을 듣는다. "네 심장의 소리에 귀를 기울여봐." 어쩌면 이 말은 그저 단순한 비유가 아닐 수 있다. 이 말의 의미를 진지하게 되새겨볼 만하다.

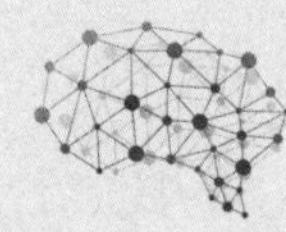

뇌과학 talk talk 9

사람은 태어날 때부터 운명이 결정되는가?

이기적인 인간과 이타적인 인간, 혹은 도덕적인 인간과 비도덕적인 인간 간의 생물학적인 차이를 보여주는 최신 연구들을 보면 마치 사람은 태어날 때부터 운명이 결정된 것처럼 보인다. 과연 그럴까? 이 질문에 대한 답변에 앞서, 유전자와 사회적 행동 간의 연관성을 잘 보여주는 한 연구에 대해 먼저 살펴보자.

이 연구에서는 참가자들을 유전자 유형과 문화적 배경에 따라 네 집단으로 나누었다.[116] 유전자 유형은 도파민의 효율성을 결정하는 유전인자에 따라 고기능 도파민 집단과 저기능 도파민 집단으로 나누었다(이때 고기능 도파민 집단은 저기능 도파민 집단에 비해 보상 자극에 더 민감한 것으로 밝혀진 바 있다).[117] 문화적 배경도 동양 문화권과 서양 문화권에서 성장한 집단으로 구분하였다. 이렇게 구분된 네 집단에 대해 설문지로 개인주의적-집단주의적 성향을 측정해본 결과 흥미로운 패턴이 관찰되었다.

우선, 동양 문화권에서 성장한 고기능 도파민 집단에서는 극단적 수준의 집단주의자 비율이 월등하게 높은 반면, 서양 문화권에서 성장한 고기능 도파민 집단은 극단적 수준의 개인주의자 비율이 월등하게 높았다. 이와 대조적으로, 저기능 도파민 집단은 집단주의와 개인주의 간에 중도적인 성향을 보이는 사람들의 비율이 높았으며, 두 문화 간의 차이는 보이지 않았다. 즉, 도파민 기능이 활발한 사람들의 경우, 자신이 성장한 문화에서 우월한 가치를 습득하고 받아들이는 경향성이 높다는 것이다.

사회적 가치, 생존 확률을 높이기 위한 선택의 발자취

여기서 중요한 사실이 있다. 바로 유전적으로 결정된 도파민의 기능적 수준은 사회적 가치를 습득하는 경향성의 강도를 결정할 뿐, 방향을 결정하지는 않는다는 점이다. 다시 말해, 동양 문화권에서 태어난 고기능 도파민 집단은 동양 문화권에서 우세한 집단주의를 습득하는 데 뛰어났으며, 서양 문화권에서 태어난 동일 집단은 해당 문화권에서 우세한 개인주의를 습득하는 데 탁월했다.

이 연구 결과는 특정 개인이 지닌 이타적·도덕적 가치, 혹은 더 넓은 범위에서 모든 종류의 사회적 가치와 관련된 생물학적 원인에 대해 새로운 관점을 갖게 해준다. 아마도 어떤 이가 특정 사회적 가치를 습득하는 경향성의 강도는 그 사람이 부모로부터 물려받은 유전인자에 의해 출생부터 결정되어 있을지 모른다. 하지만 그 유전인자가 강한 도덕적·이타적 가치의 성장으로 이어질지, 혹은 비도덕적·이기적 가치로 성장할지는 환경에 따라 달라질 것이다. 결국 어떤 사람이 습득하고 내재화한 사회적 가치는, 그 사람이 주어진 환경 속에서 자신의 생존 확률을 극대화하기 위해 선택해온 발자취들을 보여주는 거울이 아닐까?

가장 높은 생존 확률을 보장하는 선택

——— 페이스북 설립자인 마크 주커버그는 자신의 첫아이가 태어났을 때 재산의 99퍼센트를 기부하겠다고 발표해 화제가 된 적이 있다. 마크 주커버그뿐만 아니라, 사회적으로 성공한 다수의 리더들이 기부 같은 사회적 활동에 나서곤 한다. 이처럼 성공한 사업가들이 기부에 적극적인 태도를 보이는 이유는 무엇일까? 앞에서 얘기한 것처럼 사회 구성원들을 향한 이타적 행동은 개인의 생존 가치를 높여주는 중요한 전략이 될 수도 있다. 하지만 의도된 연출을 통해서가 아니라 진심으로 높은 이타적 가치나 윤리적 기준을 추구한다면, 과연 그 자체로 생존에 유리한 행동이라 말할 수 있을까 있을까?

신체 내부 감각 신호를 통해 끊임없이 자신과의 소통을 거쳐 정교한 형태로 자리 잡은 이타적·윤리적 직관은 최적의 의사결정을 위해 가장 중요한 재료가 될 수 있다. 이러한 직관 덕분에 우리는 정보의 홍수 속에서 헤매지 않고 생존에 가장 적합한 선택을 효율적으로 내릴 수 있는 것이다.

성공한 사람들이 기부를 하는 까닭

사실 음식과 같이 생존에 직결된 보상을 제외하고 우리가 인생에서 추구하는 대부분의 보상은 타인의 호감을 얻기 위한 이차적인 보상으로부터 파생된 또 다른 이차적 보상이라 말할 수 있다. 그런데 우리는 삶에서 이차적인 보상을 추구하면서 근본적이고 기초적인 보상은 점차 소홀히 여기게 된다. 예를 들어 정치인이 사람들로부터 존경과 호감을 얻기 위해 추구했던 권력이 그 자체로 보상이 될 때는 어떠한가. 사람들의 조롱과 멸시를 받으면서도 권력에 집착하는 정치인들에게서 우리는 우선순위를 망각하면서 그 본질을 잃어버린 보상 추구 행동을 목격할 수 있다.

한 조직의 리더에게는 최대한 많은 구성원들에게서 긍정적인 반응을 끌어낼 수 있는 능력이 요구된다. 리더는 자신의 선택이 구성원 개개인에게 미칠 영향을 최대한 정확하게 예측할 수 있어야 한다. 그러나 리더는 선택을 할 때 너무나 많은 변수를 고려해야 하기 때문에, 이렇게 복잡한 과정을 거친 선택이 의식적으로 이루어지기는 거의 불가능할지도 모른다. 그렇다면 성공적인 리더가 갖는 윤리적 직관의 핵심은 무엇일까? 바로 자신의 진정한 자아를 잃지 않는 동시에 타인이 규정한 기준에 부합된 자아를 형성하는 능력일 것이다. 즉, 나 자신의 욕구와 나를 둘러싼 이들의 욕구 모두를 극대화할 수 있는 최적의 조합을 찾아내는 능력이라 말할 수 있다.

이러한 능력은 앞서 소개한 내부 감각 정보 회로를 통한 자기인식 과정과 관련된다. 이는 내부 감각 정보 회로와 외부 감각 정보 회로 간의 긴밀한 상호작용을 통해서만 가능하다. 말하자면 훌륭한 리더의 직관은 일생을 거쳐 끊임없이 두 회로 간의 상호작용이 반복되면서 다듬어진 가치들의 응집체다. 따라서 훌륭한 리더는 자신의 욕구를 따라 자연스럽게 행동하더라도 구성원들을 만족시키고 보듬는 선택을 할 수 있다.

공자가 자신의 일생을 돌아보며 인간의 나이 듦에 따라 나타나는 학문적 심화 단계를 표현한 말들이 있다. 이 중 '종심從心'은 70세를 이르는 말이다. 마음이 따르는 대로 행해도 법도에 어긋나지 않는 나이를 70세로 본 것이다. 마음이 내키는 대로 행하더라도 모든 행동이 도덕적으로 그릇되지 않는 것은 상당히 높은 단계의 도덕성이라 할 수 있다. 리더에게 필요한 가장 중요한 덕목으로 도덕성을 끊임없이 요구하는 이유는 도덕성이야말로 바로 그 리더의 탁월한 의사 결정 능력을 보여주는 가장 중요한 지표이기 때문이다.

도덕적 직관 능력은 성장한다

앞서 살펴본 것처럼 우리 뇌에는 직관적인 판단 및 선택을 담당하는 시스템 1과 더욱 통제적인 노력이 필요한 선택을 담당하는 시스템 2가 존재한다. 에너지 소모를 최소한으로 유지하려는 우리 뇌는 일상생활에서 의사결정을 할 때 거의 시스템 1을 사용하지만, 새롭거나 어려운 결정이 요구되는 상황에서는 시스템 2를 사용한다. 이런 결정을 내린 경험은 시스템 1에 저장된 행동 프로그램을 수정하는 데 사용된다. 따라서 경험이 누적될수록 시스템 2보다는 시스템 1이 더욱 빈번하게 사용되기 마련이다. 경험이 누적되고 노화가 진행되면서 직관이 늘어나고 가치들이 강화된다. 갈등을 경험할 기회는 줄어들고 따라서 시스템 2를 사용할 기회는 점차 줄어든다.

하지만 환경은 끊임없이 변화하므로 이미 형성된 직관적 가치는 언제든 무용지물이 될 수 있다. 직관으로부터 비롯된 판단 오류를 수정하기 위해 추가 정보를 고려하고, 분석적인 판단 과정을 얼마나 자주, 얼마나 오랜 세월 동안 반복해왔는지는 사람마다 다르다. 이 정도면 충분하다는 생각에 새로운 직관적 가치의 형성을 일찍 마무리 짓는 사람이 있는가 하면, 끊임없이 새로운 가치를 형성하고 기존 가치를 수정하고자 노력하는 사람이 있다.

신체적 노화가 새로운 가치 형성을 가로막는 것인지 아니면 새로운 가치 형성의 중단이 신체적 그리고 정신적 노화로 이어지는 것인지는 알 수 없다. 어쩌면 우리는 일생 동안 우리가 만들어온 도덕적 가치를 완성된 상태로 받아들이는 시점에서 성장을 멈추는 것이 아닐까? 공자가 말한 종심에 해당하는 사람은 도덕적 가치의 완성을 정지된 상태가 아니라 끊임없이 성장하는 과정으로 받아들이는 사람일지 모른다.

존중, 용기, 정의, 감사, 관용, 사랑, 봉사, 헌신 등 약간의 차이는 있지만 대부분의 사회에서 미덕으로 인정받는 특성에는 놀라울 정도로 유사한 공통분모가 존재한다. 이러한 특성이 미덕으로 인정받게 된 역사적 배경에 대해 뇌과학은 '극대화된 적응적 효율성'에서 그 이유를 찾는다. 여러 문화에서 공통적으로 나타나는 이런 미덕은 우리 조상들이 오랜 세월에 걸쳐 삶에 적응하며 마련한 일종의 '삶의 지침서'가 아닐까? 수많은 도전을 해결하는 과정에서 가장 높은 생존 확률을 보장하는 선택을 엄선해 정리한 일종의 요점 정리와 같다. 그리고 이런 특성을 모두 포괄하는 상징적 행위가 바로 '기부'일 수 있다.

인간을 특별한 존재로 규정하는 인간만의 미덕을 생존 가능성의 극대화로 해석하는 것은 물론 불편하게 느껴질 수 있다. 고귀한 인간성의 근원을 뇌과학적으로 분석하고 파헤치는 행위에 대해 강한 거부감을 가지는 사람들이 있다. 하지만 이러한 뇌과학적 관점은 인간성에 대해 우리가 가진 많은 편견을 깨는 데 도움이 될 수 있다. 사회화 과정을 통해 습관적으로 체득한 다양한 편견의 틀에서 벗어나 새로운 심리학적·뇌과학적 관점을 취하는 태도의 이점은 과연 무엇일까? 이는 인간성을 훼손한다기보다는 오히려 편견에 의해 무시되고 억압받던 인간성의 참모습을 마주하도록 도울 수 있다.

뇌과학이 보여주는 도덕성과 이타성이란, 이기적인 나의 어두운 욕구를 억제하는 절대 선이 아니다. 오히려 내 주위를 둘러싼 여러 대상과 환경에 발맞추어가면서 내가 갖고 태어난 내적 욕구를 자연스럽게 표출하고 다듬어가는 과정에서 만들어지는 또 다른 형태의 욕구일 수 있다. 도덕성과 이타성은 어쩌면 우리의 내적 욕구가 성장하면서 도달하기 위해 노력할 수밖에 없는 궁극적 지향점이 아닐까? 이 궁극적 지향점을 향해 가는 과정에서 나 자신의 욕구는 결코 무시되거나 배제되어야 할 존재가 아니다. 그 목표에 도달했을 때 가장 큰 수혜자 또한 자신이 될 것이다.

에필로그

새로운 의사결정 방식의 출발점

인간의 도덕성과 이타성이 타고나는 것인지, 아니면 후천적인지에 대한 논란은 수세기 동안 이어지고 있다. 각 사회와 문화에 따라 도덕적 규범이 천차만별 존재하는 상황에서, 우리는 인간의 도덕성과 이타성의 가장 기초가 되는 요소를 찾으려는 노력을 계속했다. 그리고 인지심리학과 뇌과학을 적극적으로 수용하기에 이르렀다. 이는 아직 걸음마 단계에 불과하지만 우리는 과거의 상식을 깨는 다양한 발견을 통해 짧은 시간 동안 많은 것을 새로 이해할 수 있게 됐다.

타인을 위해 자신을 희생하는 숭고한 마음을 이기심의 발로로 훼손하는 듯한 뇌과학적 설명에 어떤 독자들은 불쾌감을 느낄 수도 있을 것이다. 하지만 지나치게 이타성의 순수함을 강조하는 사회는 오히려 약간은 이기적인 마음으로 타인을 돕는 절대 다수의 발목을 잡을 수 있다. 그리하여 전체 사회가 지향하고자 하는 방향과 역행하는 결과를 초래할 가능성도 있다.

인간 심리에 대한 객관적이고 솔직한 이해는 때로는 불편한 진실을 드러내기도 한다. 그러나 결국에는 우리가 만들어낸 허상의 틀을 부수도록 도와준다. 나아가 우리의 행동을 더 자유롭게 해주고 더욱더 성장할 기회를 제공한다. 따라서 우리는 일말의 이기심도 없이 타인만을 생각하는 순수한 의협심을 강조하기보다 사회적 평판을 좇는 욕구의 기저에 깔린 심리에 대해 좀 더 알아볼 필요가 있다. 다른 사람들로부터 사랑받고 인정받고자 하는 마음이나 남이 즐거워하는 모습에 기뻐하는 마음과 같이, 때로는 유치해 보일 수도 있는 단순한 마음이 오히려 우리 사회를 떠받치는 강력한 이타성의 초석 아닐까?

타인의 인정을 받고 싶은 마음은 우리가 의식하건 못하건 우리의 일상생활 전반에 강한 영향을 미친다. 아니, 어쩌면 타인의 시선과 상관없이 자기만족만으로 삶을 영위할 수 있다는 말 자체가 이미 거짓일지 모른다. '나'라는 주체는 이미 태어나는 순간부터 부모라는 타인에 의해 규정되기 시작했다. 우리의 자아는 타인에 의해 규정된 범위 내에서 끊임없이 변화하는 유동적인 실체일지도 모른다. 그러므로 어떤 면에서는 타인의 시선과 무관하게 인간의 사회적 판단과 행동을 설명하는 것은 의미가 없다. 오히려 타인으로부터 인정받고 싶어 하는 마음을 더욱 명확히 인식하고, 타인과의 소통을 늘리며 긍정적인 사회적 규범을 형성할 방법을 모색하려는 노력이 필요하다.

앞서 우리는 타인의 인정을 추구하는 동기가 상황적 요건에 따라 적절한 수준으로 발현될 수 있다는 점을 살펴봤다. 이런 동기가 적절히 발현된다면 우리 사회를 긍정적인 방향으로 이끄는 강력한 힘이 될 수 있다. 물론 그렇지 못할 경우에는 오히려 파괴적인 영향으로 이어질 수도 있다. 이러한 양극단의 갈림길에서는 길을 잃기 쉽지만 어떠한 경우이든 반드시 우리 자신에 대한 정확한 인식을 그 출발점으로 삼아야 한다.

자신을 정확히 인식하기 위해서는, 역설적으로 타인을 떠나 홀로 존재하는 '나'는 없다는 사실을 인식해야 한다. 그리고 최대한 타인의 눈을 통해 자신을 바라보는 객관적 관점이 필요하다. 뇌과학은 이렇게 나 자신을 직시하는 과정에서 분명 좋은 길잡이가 될 것이다.

누군가는 도덕성과 이타성의 기저에 인정 욕구가 있다는 사실을 인식하면 도덕적·이타적 행동 뒤에 숨은 이기심에 대한 의심과 비난이 높아질 것이라 주장한다. 불의에 항거하는 이들과 이타주의자들의 출현을 가로막을 것이라며 우려하기도 한다. 하지만 이런 주장은 마치 인간의 생리 작용과 대사 작용을 이해하면 식욕이 사라질 것이라 걱정하는 것과 마찬가지로 기우에 불과하다. 도덕적·이타적 행동은 인간의 생존과 적응을 위해 필수적인 인정 욕구가 자연스럽게 확장되어 나타나는 것이며, 그 이면의 동기를 이해한다고 해서 결코 사라질 수 없다. 오히려 인정 욕구의 실체를 정확히 파악하면 이것이 도덕성과 이타성으로 포장되어 파괴적인 형태로 무분별하게 퍼져나가는 상황을 막을 수 있을 것으로 믿는다.

도덕성과 이타성의 생물학적 기제에 대한 더욱 과학적인 연구는 아직 갈 길이 너무나 멀다. 그러나 앞으로 이러한 연구는 결코 순수한 학문적 호기심을 충족해주는 것으로 그치지 않을 것이다. 교육, 정치, 경제, 그리고 의료 분야에 이르기까지 무수히 많은 응용 분야에서 지금껏 우리가 생각해보지 못한 새로운 문제 해결 방법을 제시해줄 수 있을 것이다.

| 참고문헌 |

Adolphs, R., Gosselin, F., Buchanan, T. W., Tranel, D., Schyns, P., & Damasio, A. R. (2005). A mechanism for impaired fear recognition after amygdala damage. Nature, 433(7021), 68-72.

Bateson, M., Nettle, D., & Roberts, G. (2006). Cues of being watched enhance cooperation in a real-world setting. Biol Lett, 2(3), 412-414.

Bechara, A., Damasio, H., Tranel, D., & Damasio, A. R. (1997). Deciding advantageously before knowing the advantageous strategy. Science, 275(5304), 1293-1295.

Bickart, K. C., Hollenbeck, M. C., Barrett, L. F., & Dickerson, B. C. (2012). Intrinsic amygdala-cortical functional connectivity predicts social network size in humans. J Neurosci, 32(42), 14729-14741.

Burns, J. M., & Swerdlow, R. H. (2003). Right orbitofrontal tumor with pedophilia symptom and constructional apraxia sign. Arch Neurol, 60(3), 437-440.

Chambers, C. D., Garavan, H., & Bellgrove, M. A. (2009). Insights into the neural basis of response inhibition from cognitive and clinical neuroscience. Neurosci Biobehav Rev, 33(5), 631-646.

Craig, A. D. (2009). How do you feel--now? The anterior insula and human awareness. Nat Rev Neurosci, 10(1), 59-70.

Critchley, H. D., & Harrison, N. A. (2013). Visceral influences on brain and behavior. Neuron, 77(4), 624-638.

Greene, J. D., & Paxton, J. M. (2009). Patterns of neural activity associated with honest and dishonest moral decisions. Proc Natl Acad Sci U S A, 106(30), 12506-12511.

Greene, J. D., Sommerville, R. B., Nystrom, J. E., Darley, J. M., & Cohen, J. D. (2001). An fMRI investigation of emotional engagement in moral judgment. Science, 293, 2105-2108.

Gurerk, O., Irlenbusch, B., & Rockenbach, B. (2006). The competitive advantage of sanctioning institutions. Science, 312(5770), 108–111.

Guth, W., Schmittberger, R., & Schwarze, B. (1982). An experimental analysis of ultimatum bargaining. J Econ Behav Organ, 3, 367–388.

Haidt, J. (2001). The emotional dog and its rational tail: a social intuitionist approach to moral judgment. Psychol Rev, 108(4), 814–834.

Izuma, K., Saito, D. N., & Sadato, N. (2008). Processing of social and monetary rewards in the human striatum. Neuron, 58(2), 284–294.

Izuma, K., Saito, D. N., & Sadato, N. (2010). The roles of the medial prefrontal cortex and striatum in reputation processing. Soc Neurosci, 5(2), 133–147.

Kanai, R., Bahrami, B., Roylance, R., & Rees, G. (2012). Online social network size is reflected in human brain structure. Proc Biol Sci, 279(1732), 1327–1334.

Kim, H., Adolphs, R., O'Doherty, J. P., & Shimojo, S. (2007). Temporal isolation of neural processes underlying face preference decisions. Proc Natl Acad Sci U S A, 104(46), 18253–18258.

Kim, H., Choi, M. J., & Jang, I. J. (2012). Lateral OFC activity predicts decision bias due to first impressions during ultimatum games. J Cogn Neurosci, 24(2), 428–439.

Kim, H., Shimojo, S., & O'Doherty, J. P. (2011). Overlapping responses for the expectation of juice and money rewards in human ventromedial prefrontal cortex. Cereb Cortex, 21(4), 769–776.

Kim, H., Somerville, L. H., Johnstone, T., Alexander, A. L., & Whalen, P. J. (2003). Inverse amygdala and medial prefrontal cortex responses to surprised faces. Neuroreport, 14(18), 2317–2322.

Kim, H., Somerville, L. H., Johnstone, T., Polis, S., Alexander, A. L., Shin, L. M., et al. (2004). Contextual modulation of amygdala responsivity to surprised faces. J Cogn Neurosci, 16(10), 1730–1745.

Kim, M. J., & Whalen, P. J. (2009). The structural integrity of an amygdala–prefrontal pathway predicts trait anxiety. J Neurosci, 29(37), 11614–11618.

Knoch, D., Pascual–Leone, A., Meyer, K., Treyer, V., & Fehr, E. (2006). Diminishing reciprocal fairness by disrupting the right prefrontal cortex.

Science, 314(5800), 829–832.
Koenigs, M., & Tranel, D. (2007). Irrational economic decision–making after ventromedial prefrontal damage: evidence from the Ultimatum Game. J Neurosci, 27(4), 951–956.
Koenigs, M., Young, L., Adolphs, R., Tranel, D., Cushman, F., Hauser, M., et al. (2007). Damage to the prefrontal cortex increases utilitarian moral judgements. Nature, 446(7138), 908–911.
Lin, A., Adolphs, R., & Rangel, A. (2012). Social and monetary reward learning engage overlapping neural substrates. Soc Cogn Affect Neurosci, 7(3), 274–281.
Miller, E. K., & Cohen, J. D. (2001). An integrative theory of prefrontal cortex function. Annu Rev Neurosci, 24, 167–202.
Moretti, L., Dragone, D., & di Pellegrino, G. (2009). Reward and social valuation deficits following ventromedial prefrontal damage. J Cogn Neurosci, 21(1), 128–140.
Powell, K. L., Roberts, G., & Nettle, D. (2012). Eye Images Increase Charitable Donations: Evidence From an Opportunistic Field Experiment in a Supermarket. Ethology, 118, 1–6.
Rand, D. G., Greene, J. D., & Nowak, M. A. (2012). Spontaneous giving and calculated greed. Nature, 489(7416), 427–430.
Samuelson, P. A. (1947). Foundations of Economic Analysis. Cambridge: Harvard University Press.
Sanfey, A., Rilling, J., Aronson, J., Nystrom, L., & Cohen, J. (2003). The neural basis of economic decision–making in the Ultimatum Game. Science, 300(5626), 1755–1758.
Sauer, H. (2012). Educated intuitions. Automaticity and rationality in moral judgement. Philosophical Explorations: An International Journal for the Philosophy of Mind and Action, 15(3), 255–275.
Stich, S., Doris, J. M., & Roedder, E. (2010). Altruism. In T. M. P. R. Group (Ed.), The Moral Psychology Handbook. New York: Oxford University Press.
Tricomi, E., Rangel, A., Camerer, C. F., & O'Doherty, J. P. (2010). Neural evidence for inequality–averse social preferences. Nature, 463(7284), 1089–1091.

Whalen, P. J., Kagan, J., Cook, R. G., Davis, F. C., Kim, H., Polis, S., et al. (2004). Human amygdala responsivity to masked fearful eye whites. Science, 306(5704), 2061.

Yamagishi, T. (1986). The provision of a sanctioning system as a public good. Journal of Personality and Social Psychology, 51, 110–116.

| 미주 |

1 Kelley, W.M. et al. (2002) Finding the self? An event−related fMRI study. J. Cogn. Neurosci. 14, 785 − 794

2 Moretti, L., Dragone, D., & di Pellegrino, G. (2009). Reward and social valuation deficits following ventromedial prefrontal damage. J Cogn Neurosci, 21, 128−140.

3 Ikemoto, S. & Panksepp, J. (1999) The role of nucleus accumbens DA in motivated behavior: A unifying interpretation with special reference to reward−seeking. Brain Research Reviews 31:6 − 41.

4 Adolphs R. What does the amygdala contribute to social cogntiion? Ann N Y Acad Sci 2010; 1191: 42 − 61.

5 Prather, M.D., Lavenex, P., Mauldin−Jourdain, M.L., Mason, W.A., Capitanio, J.P., Mendoza, S.P., & Amaral, D.G. (2001). Increased social fear and decreased fear of objects in monkeys with neonatal amygdala lesions. Neuroscience 2001, 106, 653 − 658.

6 Samuelson, P. A. (1947). Foundations of Economic Analysis. Cambridge: University Press.

7 Kim, H., Shimojo, S., & O'Doherty, J. P. (2011). Overlapping responses the expectation of juice and money rewards in human prefrontal cortex. Cereb Cortex, 21, 769−776.

8 Izuma, K., Saito, D. N., & Sadato, N. (2008). Processing of social and rewards in the human striatum. Neuron, 58, 284−294. / Lin, A., Adolphs, R., & Rangel, A. (2012). Social and monetary reward engage overlapping neural substrates. Soc Cogn Affect 7, 274−281.

9 Izuma, K., Saito, D. N., & Sadato, N. (2010). The roles of the medial prefrontal cortex and striatum in reputation processing. Social Neuroscience, 5, 133−147.

10 Olds, J. & Milner, P. (1954). Positive reinforcement produced by electrical

stimulation of septal area and other regions of rat brain. Journal of Comparative and Physiological Psychology. 47, 419–27.

11 Schultz, W. (2015). Neuronal reward and decision signals: from theories to data. Physiological Reviews. 95, 853–951.

12 Rescorla, R. A., & Wagner, A. R. (1972). A theory of Pavlovian conditioning: Variations in the effectiveness of reinforcement and nonreinforcement. In: Classical Conditioning II: Current Research and Theory (Eds Black AH, Prokasy WF) New York: Appleton Century Crofts, pp. 64–99.

13 Berridge, K. C. (1996). "Food Reward: Brain Substrates of Wanting and Liking." Neuroscience and Biobehavioral Reviews, 20, 1–25.

14 Singer, T., Seymour, B., O'Doherty, J. P., Stephan, K. E., Dolan, R. J., & Frith, C. D. (2006). Empathic neuralresponses are modulated by the perceived fairness of others. Nature, 439, 466–69.

15 Kang, P., Lee, Y. S., Choi, I., & Kim, H. (2013). Neural evidence for individual and cultural modulation of social comparison effect. Journal of Neuroscience, 33, 16200–16208.

16 Markus HR, Kitayama S (1991) Culture and the Self: implications for cog–nition, emotion, and motivation. Psychol Rev 98:224 –253. / White K, Lehman DR (2005) Culture and social comparison seeking: the role of self–motives. Pers Soc Psychol Bull 31:232–242.

17 Asch, S. (1951). Effects of Group Pressure Upon the Modification and Distortion ofJudgments. Pittsburgh: Carnegie Press.

18 Berns, G. S., Chappelow, J., Zink, C. F., Pagnoni, G., Martin–Skurski, M. E., &Richards, J. (2005). Neurobiological correlates of social conformity and independence during mental rotation. Biological Psychiatry, 58, 245–253.

19 Klucharev, V., Hytoônen, K., Rijpkema, M., Smidts, A., &Fernandez, G. (2009). Reinforcement learning signalpredicts social conformity. Neuron, 61, 140–151.

20 Beer, J. S., Heerey, E. H., Keltner, D., Scabini, D., and Knight, R. T. (2003). The regula–tory function of self–conscious emotion: insights from patients with orbitofrontaldamage. J. Pers. Soc. Psychol. 85, 5946–5904.

21 Mason, M. F., Dyer, R., and Norton, M. I. (2009). Neural mechanisms of social influence. Organ. Behav. Hum. Decis. Process. 110, 152–159.

22 Clark L, Bechara A, Damasio H, Aitken MR, Sahakian BJ, Robbins TW.

(2008). Differential effects of insular and ventromedial prefrontal cortex lesions on risky decision–making. Brain, 131: 1311 – 1322.

23 O'Doherty J, Winston J, Critchley H, Perrett D, Burt DM, Dolan RJ (2003). Beauty in a smile: the role of medial orbitofrontal cortex in facial attractiveness. Neuropsychologia, 41:147 – 155.

24 JuYoung Kim and Hackjin Kim. (2021). Neural Representation in mPFC Reveals Hidden Selfish Motivation in White Lies. Journal of Neuroscience. 41 (27), 5937–5946. DOI: https://doi.org/10.1523/JNEUROSCI.0088–21.2021

25 Takahashi H, Kato M, Matsuura M, Mobbs D, Suhara T, Okubo Y. 2009. When your gain is my pain and your pain is my gain: neural correlates of envy and schadenfreude. Science 323:937 – 39

26 Peng, X., Li, Y., Wang, P., Mo, L., Chen, Q., 2015. The ugly truth: negative gossip about celebrities and positive gossip about self entertain people in different ways. Soc Neurosci. 2015 10 (3), 320 – 336. https://doi.org/10.1080/17470919.2014.999162.

27 Sznycer, D. (2019). Forms and Functions of the Self–Conscious Emotions. Trends Cogn Sci, 23(2), 143–157. doi: 10.1016/j.tics.2018.11.007

28 Yoon, L., Somerville, L. H., & Kim, H. (2018). Development of MPFC function mediates shifts in self–protective behavior provoked by social feedback. Nat Commun, 9(1), 3086. doi: 10.1038/s41467–018–05553–2

29 Cikara, M., Jenkins, A. C., Dufour, N., & Saxe, R. (2014). Reduced self–referential neural response during intergroup competition predicts competitor harm. NeuroImage, 96(1), 36 – 43. doi: 10.1016/j.neuroimage.2014.03.080

30 Mitchell, J. P., Macrae, C. N., & Banaji, M. R. (2006). Dissociable medial prefrontal contributions to judgments of similar and dissimilar others. Neuron, 50, 655 – 63. doi: 10.1016/j.neuron.2006.03.040

31 Barrett, D. (2010). Supernormal Stimuli: How Primal Urges Overran Their Evolutionary Purpose. NY NY: W.W. Norton.

32 Kim, H., Adolphs, R., O'Doherty, J. P., & Shimojo, S. (2007). Temporal of neural processes underlying face preference decisions. Proc Natl Acad Sci U S A, 104, 18253–18258.

33 Burns, J. M., & Swerdlow RH. (2003). Right orbitofrontal tumor with pedophilia symptom and constructional apraxia sign. Arch Neurol, 60, 437–40.

34 Greene, J. D., Sommerville, R. B., Nystrom, J. E., Darley, J. M., & Cohen, J. D. (2001). An fMRI investigation of emotional engagement in moral judgment. Science, 293, 2105–2108.

34 Koenigs, M., Young, L., Adolphs, R., Tranel, D., Cushman, F., Hauser, M., et al. (2007). Damage to the prefrontal cortex increases utilitarian judgements. Nature, 446, 908–911.

36 Tricomi, E., Rangel, A., Camerer, C. F., & O'Doherty, J. P. (2010). Neural evidence for inequality–averse social preferences. Nature, 463, 1089–1091.

37 Bechara, A., Damasio, H., Tranel, D., & Damasio, A. R. (1997). Deciding advantageously before knowing the advantageous strategy. Science, 275, 1293–1295.

38 Sul, S., Tobler, P. N., Hein, G., Leiberg, S., Jung, D., Fehr, E., & Kim, H. (2105). Spatial gradient in value representation along the medial prefrontal cortex reflects individual differences inprosociality. Proceedings of the National Academy of Science. 112, 7851–7856.

39 Frith, U. & Frith, C. D. Development and neurophysiology of mentalizing. Phil. Trans. R. Soc. Lond. B 358, 459 – 473 (2003)

40 McAndrew, F. T., & Perilloux, C. (2012). Is self–sacrificial competitive altruism primarily a male activity? Evolutionary Psychology, 10, 50 – 65.

41 Zahavi, A., & Zahavi, A. (1997). The handicap principle: A missing piece of Darwin's puzzle. New York, NY: Oxford University Press.

42 Cole, D., & Chaikin, I. (1990). An iron band upon the people. Seattle, WA: University of Washington Press.

43 Herrmann, B., Thoni, C., & Gächter, S. (2008). Antisocial punishment across Societies. Science, 319, 1362–1367.

44 Bateson, M., Nettle, D., & Roberts, G. (2006). Cues of being watched enhance cooperation in a real–world setting. Biol Lett, 2, 412– 414.

45 Powell, K. L., Roberts, G., & Nettle, D. (2012). Eye Images Increase Donations: Evidence From an Opportunistic Field in a Supermarket. Ethology, 118, 1–6.

46 Bradley A, Lawrence C, Ferguson E. 2018 Does observability affect prosociality? Proc. R. Soc. B 285: 20180116. http://dx.doi.org/10.1098/rspb.2018.0116

47 Whalen, P. J., Kagan, J., Cook, R. G., Davis, F. C., Kim, H., Polis,

S., al. (2004). Human amygdala responsivity to masked fearful eye whites. Science, 306, 2061.

48 Adolphs, R., Gosselin, F., Buchanan, T. W., Tranel, D., Schyns, P., & Damasio, A. R. (2005). A mechanism for impaired fear recognition after amygdala damage. Nature, 433, 68–72.

49 Kim, H., Somerville, L. H., Johnstone, T., Alexander, A. L., & Whalen, P. J. (2003). Inverse amygdala and medial prefrontal cortex responses surprised faces. Neuroreport, 14, 2317–2322. / Kim, H., Somerville, L. H., Johnstone, T., Polis, S., Alexander, A. L., Shin, L. M., et al. (2004). Contextual modulation of amygdala responsivity to surprised faces. J Cogn Neurosci, 16, 1730–1745. / Kim, M. J., & Whalen, P. J. (2009). The structural integrity of an prefrontal pathway predicts trait anxiety. J Neurosci, 29, 11614–11618.

50 Kanai, R., Bahrami, B., Roylance, R., & Rees, G. (2012). Online social size is reflected in human brain structure. Proc. R. Soc. B, 279, 1327 – 1334.

51 Bickart, K. C., Hollenbeck, M. C., Barrett, L. F., & Dickerson, B. C. (2012). Intrinsic amygdala–cortical functional connectivity predicts social network size in humans. J Neurosci, 32, 14729–14741.

52 Marsh, A. A., Stoycos, S. A., Brethel–Haurwitz, K. M., Robinson, P., VanMeter, J. W. & Cardinale, E. M. (2014) Neural and cognitive characteristics of extraordinary altruists. Proceedings of the National Academy of Sciences USA 111(42):15036 – 41.

53 Bengtsson, S. L., Nagy, Z., Skare, S., Forsman, L., Forssberg, H., & Ullén, F. (2005). Extensive piano practicing has regionally specific effects on white matter development. Nature Neurosci. 8, 1148 – 1150.

54 Fields, R. D. (2005) Myelination: an overlooked mechanism of synaptic plasticity? The Neuroscientist, 11, 528 – 531.

55 Jung, R. E., Grazioplene, R., Caprihan, A., Chavez, R. S., & Haier, R. J. (2010). White Matter Integrity, Creativity, and Psychopathology: Disentangling Constructs with Diffusion Tensor Imaging. PLoS ONE, 5, e9818.

56 이민우, 설선혜, 김학진(2014). 도덕적 딜레마에서의 판단 경향성이 인상 형성에 미치는 영향. 한국심리학회지: 사회 및 성격, Vol. 28, No. 2, 201–223.

57 Warneken, F., &Tomasello, M. (2007). Helping and cooperation at 14 months of age. Infancy,11(3), 271 - 294.

58 Warneken, F. and Tomasello, M. (2008). Extrinsic Rewards Undermine Altruistic Tendencies in 20−Month−Olds. Developmental Psychology, 44, 1785−1788.

59 Klinnert, M. D. (1984). The regulation of infant behavior by maternal facial expression. Infant Behavior and Development. Volume 7, Issue 4, Pages 447−465.

60 Monk CS, Klein RG, Telzer EH, Schroth FA, Mannuzza S, et al. (2008) Amygdala and nucleus accumbens activation to emotional facial expressions inadolescents at risk for major depression. Am J Psychiatry 165(2): 266. / Whalen PJ, Rauch SL, Etcoff NL, McInerney SC, Lee MB, Jenike MA: Maskedpresentations of emotional facial expressions modulate amygdala activity withoutexplicit knowledge. J Neurosci 1998; 18:411−418

61 Stich, S., Doris, J. M., & Roedder, E. (2010). Altruism. In T. M. P. R. Group (Ed.), The Moral Psychology Handbook. New York: Oxford Press.

62 Sauer, H. (2012). Educated intuitions. Automaticity and rationality in moral Philosophical Explorations: An International Journal for Philosophy of Mind and Action, 15, 255−275.

63 Haidt, J. (2001). The emotional dog and its rational tail: a social intuitionist to moral judgment. Psychol Rev, 108, 814−834.

64 Rand, D. G., Greene, J. D., & Nowak, M. A. (2012). Spontaneous giving calculated greed. Nature, 489, 427−430.

65 Bear, A., & Rand, D. G. (2016). Intuition, deliberation, and the evolution of cooperation. Proceedings of the United States of America National Academy of Sciences, 113, 936 - 941.

66 Hardin, G. (1968). "The Tragedy of the Commons," Science, 162, 1243−1248.

67 Yamagishi, Toshio. 1986. "The Provision of a Sanctioning System as a Public Good." Journal of Personality and Social Psychology 51(1):110−6.

68 Gürerk, O., Irlenbusch, B., & Rockenbach, B. (2006). The competitive advantage of sanctioning institutions. Science, 312, 108−111.

69 Guth, W., Schmittberger, R., & Schwarze, B. (1982). An experimental of ultimatum bargaining. J Econ Behav Organ, 3, 367−388.

70 McCullough, M. E. (2008). Beyond revenge: The evolution of the forgiveness instinct. San Francisco, CA: Jossey-Bass).
71 De Quervain, D.J.F., Fischbacher, U., Treyer, V., Schellhammer, M. (2004). The neural basis of altruistic punishment. Science 305, 1254-1258.
72 Gollwitzer, M., Meder, M., & Schmitt, M. (2011). What gives victims satisfaction when they seek revenge? European, Journal of Social Psychology, 41, 364-374.
73 Baumeister, R. F., Stillwell, A., & Wotman, S. R. (1990). Victim and perpetrator accounts of interpersonal conflict: Autobiographical narratives about anger. Journal of Personality and Social Psychology, 59, 994-1005.
74 Stillwell, A. M., & Baumeister, R. F. (1997). The construction of victim and perpetrator memories: Accuracy and distortion in role-based accounts. Personality and Social Psychology Bulletin, 23, 1157-1172.
75 Kim, H., Choi, M. J., & Jang, I. J. (2012). Lateral OFC activity predicts decision bias due to first impressions during ultimatum games. J Neurosci, 24, 428-439.
76 Craig AD. How do you feel? Interoception: the sense of the physiological condition of the body. Nat Rev Neurosci 2002;3:655-66.
77 Phillips, M. et al. (1997) A specific neural substrate for perceiving facial expressions of disgust. Nature 389, 495-498
78 Calder, A.J. et al. (2000) Impaired recognition and experience of disgust following brain injury. Nat. Neurosci. 3, 1077-1078
79 Critchley, H. D., & Harrison, N. A. (2013). Visceral influences on brain and behavior. Neuron, 77, 624-638.
80 Critchley, H. D., Wiens, S., Rotshtein, P., Ohman, A. & Dolan, R. J. (2004) Neural systems supporting interoceptive awareness. Nature Neuroscience 7(2):189-195.
81 Friston, K. J. (2010) The free-energy principle: A unified brain theory? Nature Reviews Neuroscience 11(2):127-38.
82 Seth, A. K. Interoceptive inference, emotion, and the embodied self. Trends Cogn. Sci. 17, 565-573 (2013).
83 Sanfey, A., Rilling, J., Aronson, J., Nystrom, L., & Cohen, J. (2003). The basis of economic decision-making in the Ultimatum Game. Science, 300, 1755-1758.

84 Kahneman, D. (2011). Thinking, Fast and Slow (Straus and Giroux, 2011).

85 Miller, E. K., & Cohen, J. D. (2001). An integrative theory of prefrontal function. Annu Rev Neurosci, 24, 167–202.

86 Sridharan D, Levitin DJ, Menon V (2008) A critical role for the right fronto–insular cortex in switching between central–executive and default–mode networks. Proc Natl Acad Sci USA 105(34): 12569 – 12574

87 Knoch, D., Pascual–Leone, A., Meyer, K., Treyer, V., & Fehr, E. (2006). Diminishing reciprocal fairness by disrupting the right prefrontal cortex. Science, 314, 829–832.

88 Koenigs, M., & Tranel, D. (2007). Irrational economic decision–making ventromedial prefrontal damage: evidence from the Ultimatum Game. J Neurosci, 27, 951–956.

89 Moretti, L., Dragone, D., & di Pellegrino, G. (2009). Reward and social valuation deficits following ventromedial prefrontal damage. J Cogn Neurosci, 21, 128–140.

90 Tabibnia G, Satpute AB, Lieberman MD. 2008. The sunny side of fairness: preference for fairness activates reward circuitry (and disregarding unfairness activates self–control circuitry). Psychol. Sci. 19:339 – 47).

91 Baumgartner, T., Knoch, D., Hotz, P., Eisenegger, C., Fehr, E. (2011). Dorsolateral and ventromedial prefrontal cortex orchestrate normative choice. Nat Neurosci 14, 1468 – 1474.

92 Hu, J., Blue, P. R., Yu, H., Gong, X., Xiang, Y., Jiang, C., Zhou, X. (2016). Social status modulates the neural response to unfairness. Soc Cogn Affect Neurosci, 11, 1–10.

93 Dreher et al. (2016). Testosterone causes both prosocial and antisocial status–enhancing behaviors in human males. PNAS, 113, 11633 – 11638.

94 Sapolsky RM (1991) Testicular function, social rank and personality among wild ba–boons. Psychoneuroendocrinology 16(4):281 – 293.

95 Fisher JP, Hassan DT, O'Connor N. (1995). Minerva. BMJ. 310:70.

96 Singer, T., Seymour, B., O'Doherty, J., Kaube, H., Dolan, R. J., & Frith, C. D. (2004). Empathy for paininvolves the affective but not sensory components of pain. Science, 303, 1157 – 62.

97 Wicker, B., Keysers, C., Plailly, J., Royet, J. P., Gallese, V., & Rizzolatti, G. (2003). Both of us disgustedin my insula: the common neural basis of seeing and feeling disgust. Neuron, 40, 655 – 664.

98 Allman, J. M., Hakeem, A., Erwin, J. M., Nimchinsky, E., & Hof, P. (2001). The anterior cingulate cortex. The evolution of an interface between emotion and cognition. Ann N Y Acad Sci. 935, 107 – 117.

99 Van Boven, L., & Loewenstein, G. (2003). Social projection of transient drive states. Personality and Social Psychology Bulletin, 29, 1159 – 1168.

100 Motzkin, J. C., Newman, J. P., Kiehl, K. A., Koenigs, M. (2011). Reduced prefrontal connectivity in psychopathy. J Neurosci, 31, 17348 – 57.0

101 Jung, D. H., Sul, S., & Kim, H. (2013). Dissociable neural processes computing value of choicesduring risky financial decisions for self versus other. Frontiers in Neuroscience, 7, 15.

102 Kang, P., Lee, J., Sul, S., & Kim, H. (2013). Dorsomedial prefrontal cortex activity predicts the accuracyin estimating others' preferences. Frontiersin Human Neuroscience, 7, 686.

103 Batson, C. D. (2009). Empathy–induced altruistic motivation. In P. R. Shaver & M. Mikulincer (Eds.), Prosocial motives, emotions, and behavior (pp.15 – 34). Washington DC: American Psychological Association.

104 Zaki J, Davis JI, Ochsner KN (2012): Overlapping activity in anterior insula during interoception and emotional experience. Neuroimage62:493 – 499.

105 Glasser, M. F., & Van Essen, D. C. (2011). Mapping human cortical areas in vivo basedon myelin content as revealed by T1– and T2–weighted MRI. J Neurosci, 31, 11597 – 11616.

106 Peters, A., 2002. The effects of normal aging on myelin and nerve fibers: a review. J. Neurocytol. 8 – 9, 581 – 593.

107 Egan, L.C. et al. (2007) The origins of cognitive dissonance: evidence from children and monkeys. Psychol. Sci. 18, 978 – 983

108 Amodio, D. M., Jost, J. T., Master, S. L., & Yee, C. M. (2007). Neurocognitive correlates of liberalism and conservatism. Nature Neuroscience, 10, 1246 – 1247.

109 Kanai, R., Bahrami, B., Roylance, R., & Rees, G. (2012). Online social size is reflected in human brain structure. Proc. R. Soc. B, 279, 1327 – 1334.

110 Haidt, J. & Graham, J. (2006). When morality opposes justice:

Conservatives have moral intuitions that liberals may not recognize. Social Justice Research, 20, 98–116.

111 Giedd, J. N., Blumenthal, J., Jeffries, N. O., Castellanos, F. X., Liu, H., Zijdenbos, A., Paus, T., Evans, A. C. & Rapoport, J. L. (1999). Brain development during childhood and adolescence: a longitudinal MRI study. Nat. Neurosci. 2, 861 – 863.

112 Andersen, S. L., Thompson, A. T., Rutstein, M., Hostetter, J. C., & Teicher, M. H. (2000). Dopamine receptor pruning in prefrontal cortex during the periadolescent period in rats. Synapse, 37, 167 – 169.

113 Markham, J. A., Morris, J. R., & Juraska, J. M. (2007). Neuron number decreases in the rat ventral, but not dorsal, medial prefrontal cortex between adolescence and adulthood. Neuroscience, 144, 961 – 968

114 Crews, F., He, J., & Hodge, C. (2007). Adolescent cortical development: A critical period of vulnerability for addiction. Pharmacol. Biochem. Behav. 86, 189 – 199.

115 Damasio, Antonio R. (2008) [1994]. Descartes' Error: Emotion, Reason and the Human Brain. Random House. ISBN 978–1–4070–7206–7. Descartes' Error

116 Kitayama, S., King, A., Yoon, C., Tompson, S., Huff, S., & Liberzon, I. (2014). The dopamine D4 receptor gene (DRD4) moderates cultural difference in independent versus interdependent social orientation. Psychological Science, 25, 1169 – 1177.

117 Forbes, E. E., Brown, S. M., Kimak, M., Ferrell, R. E., Manuck, S. B., & Hariri, A. R. (2009). Genetic variation in components of dopamine neurotransmission impacts ventral striatal reactivity

이타주의자의 은밀한 뇌구조

초판 1쇄 발행 2017년 5월 25일
개정증보판 5쇄 발행 2025년 2월 24일

지은이 • 김학진

펴낸이 • 박선경
기획/편집 • 이유나, 지혜빈, 김슬기
홍보/마케팅 • 박언경, 황예린, 서민서
디자인 제작 • 디자인원(031-941-0991)

펴낸곳 • 도서출판 갈매나무
출판등록 • 2006년 7월 27일 제395-2006-000092호
주소 • 경기도 고양시 일산동구 호수로 358-39 (백석동, 동문타워 I) 808호
전화 • 031)967-5596
팩스 • 031)967-5597
블로그 • blog.naver.com/kevinmanse
이메일 • kevinmanse@naver.com
페이스북 • www.facebook.com/galmaenamu

ISBN 979-11-91842-11-1/03400
값 17,000원

• 이 저서는 저자가 2015년 대한민국 교육부와 한국연구재단의 지원을 받아 수행한 연구를 바탕으로 쓰여졌습니다(NRF-2015S1A3A2046711).